生物农药推广中的稻农决策依赖行为研究

——基于湖北省十县（市、区）千户的田野调查

黄炎忠 ◎ 著

中国财经出版传媒集团
经济科学出版社
Economic Science Press
·北京·

图书在版编目（CIP）数据

生物农药推广中的稻农决策依赖行为研究： 基于湖北省十县（市、区）千户的田野调查 / 黄炎忠著.
北京 ： 经济科学出版社，2025. 6. -- ISBN 978-7-5218-7009-1

Ⅰ．F327.63

中国国家版本馆 CIP 数据核字第 2025GX6687 号

责任编辑：胡成洁
责任校对：李　建
责任印制：范　艳

生物农药推广中的稻农决策依赖行为研究
——基于湖北省十县（市、区）千户的田野调查
SHENGWU NONGYAO TUIGUANGZHONG DE DAONONG JUECE YILAI XINGWEI YANJIU
——JIYU HUBEISHENG SHIXIAN（SHI、QU）QIANHU DE TIANYE DIAOCHA
黄炎忠　著
经济科学出版社出版、发行　新华书店经销
社址：北京市海淀区阜成路甲 28 号　邮编：100142
经管中心电话：010-88191335　发行部电话：010-88191522
网址：www.esp.com.cn
电子邮箱：631128408@qq.com
天猫网店：经济科学出版社旗舰店
网址：http://jjkxcbs.tmall.com
北京季蜂印刷有限公司印装
710×1000　16 开　13.25 印张　220000 字
2025 年 6 月第 1 版　2025 年 6 月第 1 次印刷
ISBN 978-7-5218-7009-1　定价：68.00 元
（图书出现印装问题，本社负责调换。电话：010-88191545）
（版权所有　侵权必究　打击盗版　举报热线：010-88191661
QQ：2242791300　营销中心电话：010-88191537
电子邮箱：dbts@esp.com.cn）

本书为

国家自然科学基金青年项目
"生物农药推广中的稻农决策依赖行为：
形成机理与影响效应"（项目编号：72203163）

阶段性成果

前言

本书基于 1148 份湖北省水稻种植户微观调研数据以及农技站和农资店的访谈文本数据展开实证研究。首先，基于生物农药技术推广端，构建政府组织、市场组织和稻农的三主体决策动态演化博弈模型，探明多主体决策间的动态影响关系，利用 Matlab 软件仿真模拟不同制度背景下政府与市场主体的推广决策演化轨迹，并结合文本数据开展质性研究。其次，基于生物农药技术使用端，从农药使用时间、品种和剂量维度测度稻农的决策依赖。并从有限理性理论视角，诠释稻农生物农药使用决策依赖的产生机理，并构建计量模型加以论证。最后，构建技术推广、决策依赖与稻农生物农药使用行为三者间的理论逻辑关系，利用内生转换概率模型估计技术推广对稻农生物农药使用行为影响的平均处理效应，并检验了决策依赖的调节作用。主要研究结论如下。

第一，政府组织、市场组织和稻农三主体行为决策间存在较强关联性。政府组织与市场组织推广生物农药的初始概率增加，会缩短稻农使用生物农药决策的演化时间。稻农使用生物农药的初始概率增加，也会促进市场组织更快地作出推广生物农药决策响应。增加财政经费支持、农药减量监管与惩罚、农药减量的政绩考核力度是加快政府组织推广生物农药的有效手段。增加生物农药推广补贴可以显著加快市场组织推广和稻农使用生物农药的决策演化速度；提升稻农对农产品质量安全和生态环境保护的认知水平，从而有效加快稻农使用生物农药，并在一定程度上倒逼市场组织推广生物农药。

第二，样本中96%的稻农在农药使用时间、品种和剂量决策上或多或少依赖外部技术推广主体，该现象在生物农药的使用上更加明显。样本稻农在生物农药使用时间确定上主要听从农技站和农资店的建议，在生物农药使用品种选择和剂量确定上也主要听从农资店的建议。此外，水稻病虫害防治的技术指导获取成本、稻农技术学习成本、技术指导专业权威性、稻农病虫害防治能力和水稻病虫害变异程度是影响稻农生物农药使用决策依赖形成的重要因素。

第三，农业技术推广对稻农生物农药使用行为的影响受到决策依赖的调节，对于存在农药使用决策依赖的样本而言，农业技术推广能使稻农生物农药使用概率提升24.7%~36.1%。但对于不存在农药使用决策依赖的样本而言，该提升幅度仅为4.6%~5.2%。即具有农药使用决策依赖的稻农，其生物农药技术的推广效果更好。农资店、农技站、亲朋好友和新型经营主体等农技推广主体中，农资店和农技站对稻农生物农药使用行为的促进效果更好；产品推介、技术宣传、技术示范、技术培训和技术补贴等农技推广内容中，产品推介和技术示范对稻农生物农药使用行为的促进作用更大。当然，对不同特征农户的影响存在异质性。

生物农药的推广与应用，是关乎我国农业绿色转型、农产品质量安全提升以及生态环境可持续发展的重大课题。本书中的深入调研与严谨分析，试图为这一领域的发展提供一些新的思路与方向。期待本书能够成为农业领域研究者、政策制定者以及一线农业从业者手中的一把钥匙，开启对生物农药推广问题更深入的思考与探索之门。也期待本书能够激发更多人关注生物农药推广这一重要议题，吸引更多力量投身农业绿色发展。唯有各方携手共进、形成合力，才能加速生物农药的推广应用，让绿色农业的梦想早日照进现实，让我们的土地焕发出勃勃生机，让子孙后代享受到更加安全、健康的农产品和更加优美、宜居的生态环境。

目录

第 1 章 导论 // 1
    1.1 问题的提出 // 1
    1.2 研究目的与意义 // 4
    1.3 研究思路与方法 // 6
    1.4 研究的创新点与不足之处 // 9

第 2 章 理论基础与文献综述 // 12
    2.1 理论基础 // 12
    2.2 概念界定 // 16
    2.3 文献综述 // 18

第 3 章 我国生物农药的使用情况分析 // 35
    3.1 我国化学农药使用情况与减量行动 // 35
    3.2 我国生物农药的发展情况 // 40
    3.3 稻农的生物农药使用情况：基于湖北省微观调研数据 // 45
    3.4 本章小结 // 56

第 4 章　技术推广主体的生物农药推广行为及动态博弈分析 // 57
　4.1　政府组织、市场组织与稻农的决策博弈模型 // 58
　4.2　Matlab 系统仿真实验 // 73
　4.3　现实检验：基于农技站与农资店的深度访谈数据 // 82
　4.4　本章小结 // 97

第 5 章　稻农生物农药使用决策依赖及形成机理分析 // 99
　5.1　农药使用技术指导与决策依赖测度 // 100
　5.2　稻农生物农药使用决策依赖形成机理的理论分析 // 110
　5.3　稻农生物农药使用决策依赖形成的影响因素实证分析 // 117
　5.4　本章小结 // 140

第 6 章　技术推广对稻农生物农药使用行为的影响研究 // 142
　6.1　理论分析与研究假设 // 142
　6.2　模型构建与变量选取 // 146
　6.3　实证结果与分析 // 153
　6.4　技术推广对稻农生物农药使用行为影响异质性分析 // 162
　6.5　本章小结 // 169

第 7 章　主要结论与政策建议 // 171
　7.1　主要结论 // 171
　7.2　政策建议 // 175

参考文献 // 184

第 1 章

导 论

1.1 问题的提出

化学农药在确保农作物产量、提高农产品质量和解决全球饥饿危机方面发挥了重要作用（Huang et al.，2021）。然而，长期使用化学农药已造成越来越突出的环境、生态和人类健康问题（Zanardi et al.，2015；包晓斌，2019）。生物农药作为绿色防控的主要手段（邱德文，2015；陈学新等，2023），在降低环境面源污染、减少人体健康损害和保障生物多样性等方面要明显优于传统的高毒化学农药。生物农药的低毒低残留与环境友好属性特征显然更加符合农业绿色高质量发展的现实需求（Wang et al.，2018）。农业部 2015 年颁布的《到 2020 年农药使用量零增长行动方案》中明确将"替"作为实现化学农药减量增效目标的四大技术路径之一，强调要大力推广应用生物农药，替代高毒高残留化学农药。《国家质量兴农战略规划（2018—2022 年)》也表明要"利用生物农药等绿色防控技术来替代化学防治"，以实现"农业的绿色化与优质化"。可见，促进农户生物农药使用对于化学农药减量增效行动的持续推进和绿色高质量农业的发展至关重要（萧玉涛等，2019；魏珣等，2024）。

我国生物农药发展势头虽好，但应用率与推广率依然不高。中国农药信息网登记的统计数据显示，近年来我国生物农药市场占有率在逐步上升，生物农药有效成分研发数量和新产品登记数量每年都在以 5%~10% 的速度保持增长（王以燕等，2019；袁治理等，2023）。自 2017 年起，我国市场上登记的新农药产品数量结构就呈现"逆转"趋势，新登记的生物农药产品要多于化学农药，目前我国生物农药的应用面积已达 2600 万～3300 万公顷（白小宁等，2019）。但不可否认的是，生物农药确实具有药效发挥作用慢、产品种类不全和价格偏高等产品缺陷（刘晓漫等，2018；王建华等，2024）。当下生物农药的应用与推广仍受到较大的现实阻碍，在农药产品市场占有率仅为 10%～13%（郭明程等，2019）。

目前我国主要是农业技术推广站①与农资店向农户推广病虫害防治技术（牛桂芹，2014；李容容等，2017；佟大建、黄武，2018）。一方面，全国农业技术推广服务中心承担着"负责组织实施重大病虫害的监测与防治"的基本职责，会定期对全国各地粮食作物的病虫害进行测报、评估、预警，并以网络平台、手机短信和张贴告示等方式发布防控通告，并由当地农技站提供适宜施药建议。另一方面，农资店在售卖农药的过程中，也能实现技术的推广与扩散。经销商会向农户推介各种农药，并将不同品种农药的主要功效、施用方法等技术信息通过"口述"或"简化标签"的形式告知农户，使得农户便于理解和懂得如何施药（Williamson et al.，2008；张军伟等，2018）。

但从我国现有的文献资料和实践来看，政府农技站与市场农资店等农技推广主体的生物农药推广动力和积极性明显不足。对于政府公益性农业技术推广主体而言，其承担着保障粮食安全、加大环境治理和推进乡村振兴等多元政策目标任务，这使得生物农药推广在很多地区并没有给予足够重视，甚至很多区域的生物农药宣传和补贴等扶持政策尚未落地（耿宇宁等，2017），且技术培训和政策扶持的力度明显不足（朱淀等，2014；郭明程等，2019）。此外，很多小农户难以获得高质量的政府公益农技推广服务（佟大建、黄武，2018；Sun et al.，2019）。对于市场盈利性农技推广主体而言，生物农药产品的市场可盈利性并不乐观。绝大部分制药企业认为生物农药的研发周期长、成本投入大且市场接受率低（杨峻等，2014）；生物农药产品目前存在药效稳定性差、药效慢、储存困难、价格偏高和产品种类少等一系列问题（郭利京、王颖，2018；赵晓颖等，2020；Paul et al.，2020）；农资店等私人农技推广组织很难从生物农药推广中获利（郭利京、王少飞，

---

① 指政府部门的农业技术推广服务中心，本书中以下简称农技站。

2016），所以也更偏好于向农户推介化学农药（Wuepper et al.，2021）。

为了提升农户的生物农药采纳率，现有研究试图通过提升农户个人能力和认知水平来促进其生物农药的使用。学者们普遍建议要加大政府和市场资源的投入来提升农户文化水平、专业技能、病虫害防治能力、生态认知、食品安全认知、农药残留认知等（Chen et al.，2013；王建华等，2014；Khan and Damalas，2015；Paul et al.，2020）。然而，课题组通过实地调研发现，农户的病虫害防治存在明显的决策依赖特征，也即农业生产过程中农户病虫害防治对外部（农技站/农资店）的依赖程度越来越高，农户对于"什么时候打药？打什么农药？打多少农药？"大多是听从农技人员和农资经销商的建议。目前，越来越多的农户在使用农药时执行农技站或农资店的"施药建议"即可（傅新红、宋汶庭，2010；Constantine et al.，2020），农技站和农资店等农技推广主体就像给植物治病开药方的"医生"（徐晓鹏，2017）。稻农无须将这种病虫害防治和农药选用的能力内化为个人能力（Huang et al.，2021）。在农业生产分工体系不断深化和社会化服务体系不断完善的背景下，农户听从外部专业技术推广主体施药的模式极大地提升了农业病虫害防治的综合效率，将成为未来我国农业发展的重要趋势。

综合以上现实情境，随着我国农业技术推广服务和农业生产分工体系的不断完善，农户自主学习病虫害防治技术的机会成本将会越来越高。农业病虫害防治社会化服务组织（公益型或营利型）完全可以替代农户执行农作物"看病开药"环节的工作，因此，农户在农药使用中的决策依赖程度越来越高，构建科学合理的技术推广机制将成为加速生物农药推广普及的关键。也即，在农户大概率听取农技站或农资店施药建议的情景下，若技术推广主体的生物农药推广意愿不强，将直接导致生物农药的技术扩散受阻。可见，技术推广将成为影响生物农药普及应用的关键。具体而言，本书需弄清楚3个问题：如何激励农技站和农资店向农户推广生物农药？农户农药使用的决策依赖特征与依赖产生的根源是什么？技术推广和决策依赖又将如何影响稻农的生物农药使用？解答以上问题，对于更好理解农户施药行为逻辑、提升生物农药技术推广动力、实现化学农药持续减量增效、奠定农业高质量绿色发展基础具有重要的现实指导价值。

1.2 研究目的与意义

1.2.1 研究目的

现实生活中由于农户自身能力有限，病虫害防治技术的自主学习机会成本越来越高，其农药使用的行为决策逻辑已经发生较大改变，重新审视和解析农户施药行为决策依赖特征，有助于更准确地把握农户的生物农药选用逻辑规律，进而更加快速有效地规范和引导农户使用生物农药。本书的具体研究目的主要有以下方面。

（1）基于生物农药技术供给端，探讨政府与市场组织的生物农药推广行为影响机理。在现实情境下，政府与市场组织的生物农药技术推广决策本身具有较大的不确定性，如何有效提升政府与市场主体的生物农药技术推广动力和积极性是提高生物农药技术扩散效率的关键。基于公益型政府组织和盈利型市场组织两个维度，以农技站和农资店为例，从技术供给端解析技术推广主体的生物农药推广行为。并通过分析农技站、农资店与稻农三主体决策间的动态相互影响，试图构建多主体参与的生物农药技术推广应用协同激励机制。

（2）基于生物农药技术需求端，探寻稻农生物农药使用决策依赖的特征及其产生根源。稻农农药使用决策依赖的特征是否普遍存在，以及该现象形成的背后逻辑机理是解读农户生物农药选用逻辑的关键问题。通过微观调研来验证和测度稻农生物农药使用的决策依赖现状和特征，并基于有限理性理论构建稻农生物农药使用决策依赖形成的理论模型，辨析农户生物农药使用决策依赖产生的根源，从而更好地理解农户的农药选用逻辑，为规范和引导农户的施药行为提供理论参考。且利用稻农微观调研数据在实证层面上检验理论模型的适用性。

（3）揭示技术推广、决策依赖与稻农生物农药使用行为三者间的逻辑关系。对于存在较高决策依赖度的稻农来说，生物农药推广是决定其采纳行为的重要因素。本书可以从决策依赖的视角在一定程度上诠释我国目前生物农药推广低效的原因。同时也可以基于稻农的生物农药使用决策依赖特征，对生物农药推广主体（公益型和盈利型）、推广方式（产品推介、宣传、培训、示范和补贴等）和推广对象（年龄、规模、兼业和受教育程度等）等进行评价，继而有助于优化和探寻高效的生物农药技术推广路径，促进生物农药的快速普及应用。

1.2.2 研究意义

在理论层面上，深入解析农户微观主体施药行为决策依赖背后的逻辑机理。现有文献资料大多将决策依赖的概念应用于国际高新技术的依存度研究，强调的是宏观的国际技术贸易的决策依赖度问题。现实生活中，稻农的病虫害防治技术对外部的依赖越来越强，农户在整个施药过程中自主决策能力在弱化，决定农药使用时间、品种和剂量的大多是外部专业的技术指导主体，农户则更多地充当"决策方案"的执行者身份。本书提出的农户"决策依赖"概念在一定程度上丰富了现有的农户行为决策理论，为农户技术采纳行为研究提供新的理论视角。且在对农业技术推广组织的生物农药推广行为研究中，构建有限理性下的政府组织、市场组织和稻农三主体决策演化博弈理论模型，丰富了现有文献对生物农药技术供给主体行为研究。

在实践层面上，化学农药减量替代符合目前社会、经济和政策的现实需要，但目前生物农药技术的推广应用仍处于点片实施为主，大面积推广与应用仍然存在较大阻碍。且基于农户个人能力提升与社会化服务供给的路径又面临较大的现实困境（老龄化和小规模的农户数量众多，且社会化服务供给短缺）。然而，随着农业技术推广体系的不断完善，农户在农业生产过程中的农药使用对外部（农技站/农资店）的决策依赖程度越来越高。在此背景下，厘清农户的生物农药使用决策逻辑规律将有益于我国化学农药减量与生物农药技术推广。探明农技站与农资店的生物农药推广行为动机，厘清农户农药使用决策依赖的形成机理，解析技术推广和决策依赖对农户生物农药使用行为的影响，对于保障农产品质量安全与促进农业高质量绿色发展具有重要的实践指导价值。

1.3 研究思路与方法

1.3.1 研究思路

本书在阐述我国生物农药使用和推广现状的基础上,按照"分总"的结构设计框架,依次分章节来解决以上提到的"如何激励农技站和农资店向农户推广生物农药?农户农药使用的决策依赖特征与决策依赖产生的根源是什么?技术推广和决策依赖又将如何影响稻农的生物农药使用?"三个科学问题。在"分"的层面上,一是针对"技术推广"的内容,从技术供给端对农技站与农资店的生物农药推广行为及多主体间动态博弈关系进行解析;二是针对"决策依赖"的内容,利用有限理性理论对农户生物农药使用决策依赖进行理论与实证分析。在"总"的层面上,主要论证了技术推广、决策依赖和稻农生物农药使用行为三者间的逻辑关系,为优化我国生物农药技术推广策略提供参考。研究思路如图 1-1 所示。

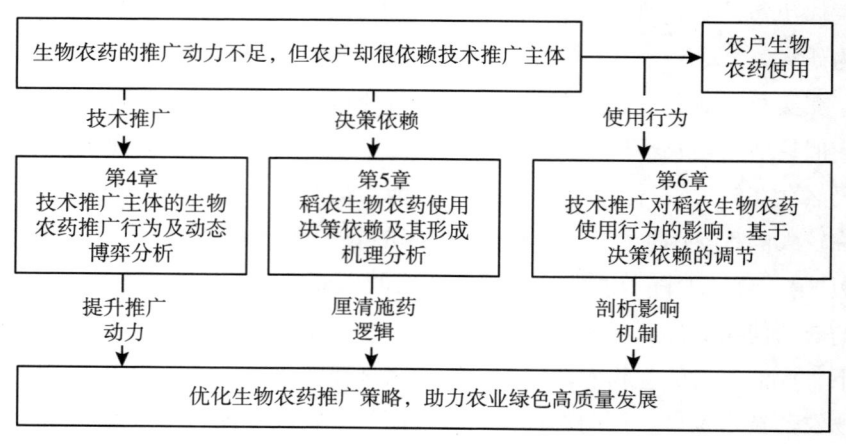

图 1-1 研究思路

1.3.2 主要研究内容

根据图 1-1 所示的研究思路,本书共设计了以下 7 章的内容。

第 1 章为导论。首先，梳理了本书的研究背景，并根据调研发现和现实问题，提炼出需要论证的科学问题，阐明本书的研究目的与意义；其次，根据研究思路，设计主要研究内容，并简述相关研究方法和绘制技术路线图；最后，归纳本书主要创新和不足。

第 2 章为理论基础与文献综述。首先，归纳农户行为理论、有限理性理论和技术扩散理论对本书的指导及其具体应用；其次，对本书中涉及的"技术推广""决策依赖"和"生物农药使用行为"三个核心概念进行界定；最后，梳理现有的文献资料，总结影响农户生物农药使用的因素，并归纳农业技术推广对生物农药使用行为影响的现有文献研究。

第 3 章为我国生物农药的使用情况分析。首先，基于我国化学农药减量政策和减量技术路径等相关研究探讨生物农药替代化学农药的减量贡献。其次，运用宏观统计数据解析我国水稻种植过程中的生物农药应用现状。最后，通过湖北省微观农户调研样本数据，全面了解稻农的施药行为及其生物农药技术采纳认知、意愿与行为特征，并统计分析了稻农生物农药推广服务的现状。

第 4 章为技术推广主体的生物农药推广行为及动态博弈分析。首先，利用动态演化博弈理论，构建政府组织、市场组织和稻农的三主体决策演化博弈模型；其次，利用 Matlab 软件进行仿真实验，绘制了系统博弈均衡的演化路径轨迹；最后，利用农技站和农资店的深度访谈文本数据，分别探讨政府与市场两类技术推广主体推广生物农药行为决策的影响因素。

第 5 章为稻农生物农药使用决策依赖及形成机理分析。首先，聚焦于决策依赖的核心概念，从稻农农药使用时间、品种和剂量决策方面设计题项对稻农的决策依赖进行测度。其次，基于农户有限理性理论，从水稻病虫害防治的技术指导获取成本、稻农技术学习成本、技术指导专业权威性、稻农病虫害防治能力和水稻病虫害变异程度，阐释稻农生物农药使用决策依赖产生的原因。最后，构建计量经济模型验证稻农决策依赖的影响因素。

第 6 章为技术推广对稻农生物农药使用行为的影响研究。首先，构建理论模型阐述技术推广、决策依赖与生物农药使用行为之间的关系，并提出研究假设。其次，利用湖北省微观调研数据和内生转换概率模型对研究假设进行验证。最后，进行样本分组回归，探讨不同情境下决策依赖在技术推广对稻农生物农药使用行为影响中的调节作用。

第 7 章为主要结论与政策建议。总结本书得到的主要实证结论，并在此基础上结合我国农技推广、生物农药应用等现实背景，提出切实可行的政策建议，为制定生物农药推广应用政策提供参考。

1.3.3 研究方法

本书使用到的方法主要包含以下几种。

1. 文献追踪法与文本分析法

运用文献追踪法查阅国内外化学农药减量替代、生物农药推广应用、农户施药行为等相关文献资料、政府报告和政策评论等，一方面可以追踪梳理我国粮食作物病虫害防治的基本情况，收集整理目前研究化学农药使用、化学农药减量、生物农药使用的前沿理论；另一方面，为本书提供理论支撑材料，在总结归纳现有文献资料研究的基础上，基于 Web of Science 和中国知网论文数据库，利用 CiteSpace 软件绘制国内外生物农药相关研究的热点和演进脉络，并撰写文献综述，提炼本书的可能理论创新。

文本分析法主要是针对化学农药减量替代的政策文本分析，按照时间序列将我国生物农药的推广制度进行梳理。对历年中央一号文件以及绿色发展、化学农药减量、农业技术推广法和农药管理条例等与农药相关的政策文本进行梳理，并作出进一步的量化研究。分析我国农药使用的政策环境及其演变特征，有利于了解生物农药技术推广的政策变革。此外，收集宏观数据资料。如统计年鉴中对我国历年各省（区、市）农药的使用量统计、中国农药信息网对我国登记在册农药产品的统计数据，以及 FAO 等官方权威数据中与农药相关的统计公报等，为后续数据分析提供资料积累。本书第 4 章也将利用文本分析法探讨农技站和农资店的生物农药推广行为及其影响因素。研究中利用录音和访谈整理的文本数据，依次对政府和市场组织的访谈内容进行概念化，并提炼初始范畴和主范畴。根据主范畴间的联结关系，辨证梳理了政府与市场组织推广生物农药的影响因素。

2. 访谈法与问卷调查法

本书针对水稻种植户、农资店和农技站三类主体展开访谈和问卷调查工作。访谈与问卷调查法是获取研究第一手资料的有效途径，而且调查者能够反映和体验到农户、农资店和农技站在生物农药应用推广时的真实情境。考虑到样本调研地区农资店与农技站数量有限性,本书将针对水稻种植户进行问卷调查,收集相关数据开展计量模型研究;针对农资店和农技站则主要采用深度访谈,通过收集的录音与文本数据,开展质性研究。调研期间还从当地农业农村厅(局)收集有关农药减量、生物农药推广和病虫害防治的相关政策文件和宣传总结材料,以对实地调查访谈的内容进行核准与查验,并深入挖掘不同区域生物农药推广的数据信息。

3. 定量分析法

本书第 4 章将利用动态演化博弈理论,构建政府组织、市场组织和稻农的三主体决策演化博弈模型,并利用 Matlab 软件进行仿真实验。本书第 5 章将运用有限理性理论来探索稻农在生物农药使用中的外部决策依赖形成机理。分析过程中将构建抽象有限理性的线性理论与实证模型,从水稻病虫害防治的技术指导获取成本、稻农技术学习成本、技术指导专业权威性、稻农病虫害防治能力和水稻病虫害变异程度构建稻农的外部决策依赖影响因素模型。本书第 6 章中考虑到样本自选择可能导致的模型内生性问题,将利用内生转换概率模型来论证技术推广对稻农生物农药使用的影响,并采用分组回归的方式验证决策依赖的调节作用。

1.4 研究的创新点与不足之处

1.4.1 研究的创新点

(1)构建生物农药推广应用的多主体参与动态演化博弈模型。本书中利用动态演化博弈理论,引入时间变化趋势后构建了三主体决策博弈演化模型,利用 Matlab 软件仿真模拟政府组织、市场组织和稻农三主体间的生物农药推广使用决策的相互动态影响与均衡演化路径。弥补了已有研究的不足:其一是大多研究基本假定农技站和农资店会积极主动地向农户推广生物农药,但农技站是多目标政策服务下的公益性服务组织,而农资店则是谋求市场利润的营利性组织,两者是否愿意主动地推广生物农药本身就存在不确定性。其二是忽视了多主体间决策相互影响的动态关系，仅论证了农技站和农资店对农户生物农药使用行为的单向影响，忽视了农技站和农资店两者间，以及农户是否使用生物农药本身对农技站和农资店的反向影响关系。

（2）剖析稻农农药使用中"决策依赖"现象背后的机理。本书细致地剖析了稻农农药使用"决策依赖"的行为现象，从有限理性理论的视角解析了稻农决策依赖的产生机理。现有研究大多假定农户施药行为决策的独立性，认为外部技术指导是通过提升农户个人内在能力和认知的路径来影响施药行为。例如，通过开展技术宣传、培训和示范等方式作用于农户。然而，在现实情境中，农户使用农药时只需执行农技站或农资店的"施药建议"即可，不需要经历提升农户个人能力的过程。类似于我们生病需要"医生开药方"一样，并不需要每个人都具备医疗知识和能力。农作物病虫害防治的这一类似现象背后逻辑缺乏较为深入的探讨。

（3）通过引入决策依赖，探讨技术推广对稻农生物农药使用行为的影响机理，为解释生物农药技术推广低效提供了新视角。虽然农业技术推广对生物农药使用的有益影响已经得到证实，但生物农药技术推广的低效率问题却也一直存在。学者们归因于技术推广过程中技术示范与财政补贴制度不完善，绿色农产品市场激励和补贴驱动力不足等。基于技术供给需求理论视角，研究中将稻农决策依赖设定为技术需求的表达方式，认为农户有效需求不足是导致生物农药技术推广效率低下的重要原因。在控制农户个人内部因素与市场环境等外部因素的情况下，利用准自然实验的 ESP 模型准确估计了不同技术推广对象（农技站、农资店和新型经营主体等）与方式（产品推介、技术宣传和培训等）对不同特征农户的差异化影响效应。

1.4.2 研究可能的不足之处

本书基于现实情境发现了稻农农药使用中的"决策依赖"现象，从开题答辩到撰写成稿的整个阶段，文中内容受到很多专家老师和同学的帮助和指正。现将该过程中商榷较多的内容总结如下。

（1）研究样本与数据的代表性问题。本书聚焦于湖北省水稻种植户的生物农药技术推广与应用展开分析，其结论与政策建议的推广过程中需要注意三个问题：其一是不同农作物生产过程中病虫害防治的模式差异性依然较大，例如水果、茶叶和蔬菜等经济作物的施药（可能存在频繁不定期的施药行为）。其二是在研究区域的选取上，技术推广体系构建的完善度也可能带来影响差异，因为不同区域的农业技术推广模式差异性也很大。因此，本书中将地区与作物都进行限定，选取湖北省水稻种植户为研究对象开展实证研究，以得到更加可信和准确的研究结论。当然，这也在一定程度上局限了研究的普适性与代表性，在未来对本书结论的推广应用中仍需对区域与作物加以调研与验证。其三是研究对象的适用性问题，本书强调的"决策依赖"可能更多地适用于小规模农户的用药决策问题。大规模农户的用药决策中可能会弱化农技推广组织能发挥的指导性决定作用。

（2）研究内容上还可以进一步拓展与丰富。其一是目前研究中探究的仅是农业技术推广与决策依赖对稻农生物农药使用行为的影响，限于课题组经费、人员、时间和精力的投入，尚未探明稻农使用生物农药时针对的作物生长环节、病虫害对象和具体用量占比的问题。这些内容的讨论对于未来推进生物农药推广和化学农药减量替代也具有很重要的现实指导价值。其二是在生物农药的推广主体研究中，尚且仅讨论政府组织的农技站和市场组织的农资店两类主体的生物农药推广行为决策。而对生物农药产品的研发生产主体——生物农药制药企业的研究尚留空白，无法获取相关的数据资料开展详细的论证。生物农药制药企业是研发生物农药产品的核心力量，也是揭示生物农药产品市场发展规律的重要内容。这些都有待未来学者进一步去研究与讨论。其三是虽对农技推广服务的类型进行详细辨析，但缺乏有关农技推广服务质量的论述，不同农技推广服务质量水平也是影响生物农药推广的关键因素，在未来后续研究中仍需拓展与丰富。

第 2 章

理论基础与文献综述

2.1 理论基础

2.1.1 农户行为理论

农户具有典型的经济人和社会人的双重属性特征,其在农业生产的过程中要不断地对要素投入、资源管理和产品销售等环节进行决策。农户采用农业技术作为生产决策行为的一种,需要利用农户行为理论来了解影响农户行为的因素,帮助我们掌握农户对农业技术的认知和接受程度,从而科学地传播和推广农业技术。在长期研究过程中,学者们围绕生产决策、经营目标的差异,对农户行为理论不断拓展丰富,最终形成三个具有鲜明特色的学派。其一是组织与生产学派,其基本观点是农户的风险最小化目标。恰亚诺夫(Chayanov)在《农民经济组织》中指出,农户从事农业生产是为了最大限度地满足家庭经营需要,最小化农业生产中的风险,小农的最佳选择由自身的需求数量与劳动付出水平之间的均衡决定。其二是理性小农学派,认为农户的生产决策目标始终为实现市场利润最大化。我们熟知的西奥多·威廉·舒尔茨(Theodore W. Schultz)就是该学派的典型代表人物,代表作为《改造传统农业》。舒尔茨从理性经济人假设维度,指出农户的生产决策是各种资源分配在其所处约束条件下能创造最大收益的一种状态,也即小农经济"贫穷而有效率"。其三是历史学派,黄宗智(Philip C. C. Huang)认为农户在追求利润最大化的过程中也会关注生计需求,其在对小农经济进行大量调查的基础上，认为要分析农户的行为与决策动机，必须在综合企业行为理论和消费者行为理论的基础上进行分析，既要追求利润最大化，也要追求效用最大化。

该理论对本书的启示：农业生产过程中农户是否使用生物农药的决策取决于其追求的生产目标。一般而言，现有研究往往将农户设定为理性经济人，也即为追求利润最大化而进行农业生产。因此，使用生物农药的基本逻辑是生物农药的使用能给农户带来更大的市场利润。然而，考虑到病虫害防治过程中，农药作为一种损害控制型投入要素，其仅在病虫害发生时起到作用，主要目的是降低粮食的减产损失。因此，农药的使用本身就是实现风险最小化的过程，生物农药的使用亦是如此。再者，水稻生产本身具有明显的"既吃又卖"特征（黄炎忠、罗小锋，2018），随着农户食品安全观念的提升，生物农药的使用相较化学农药而言，能显著提升农户的食品安全效用。综上分析可知，稻农使用生物农药的决策受到利润最大化、风险最小化和食品安全效用等多生产目标影响。农户行为理论将贯穿本书中稻农生物农药使用和决策依赖行为的研究内容。

2.1.2 动态演化博弈理论

传统的经济学研究模型大多仅能针对单一主体的行为决策进行论证分析，无法同时考量多个主体行为决策的动态相互影响。动态演化博弈理论由博弈论演变拓展而来，更多地被用于研究两个或多个相关利益行为主体间的决策组合与利益博弈问题。传统的博弈理论是基于完全信息条件下，探讨系统中多个行为主体决策最优化问题，也即假定系统中的主体都能掌握市场所有信息，且具备完美的信息处理计算能力和预测能力。这时就可以在不同决策组合情境下，利用不同主体的支付矩阵计算主体的预期利润函数。当然，此时传统博弈理论计算得到的多主体的"最优"行为决策是静态的。随着不完全信息理论的提出，多主体决策的信息不完全特征也被博弈论所吸收和拓展，继而发展得到动态演化博弈理论。也即现实中系统参与主体掌握的信息、计算能力和预测能力都是有限的，需要在长时间的试错、调整与优化过程中达到"更优"的状态。动态演化博弈理论纳入时间趋势，探讨的是动态的行为决策演化过程。相较而言，动态演化博弈理论更加符合现实生活情境，可以被更广泛地运用到复杂的社会经济学系统研究中。

该理论对本书的启示：在生物农药技术的推广体系中，涉及政府农技推广组织、市场农技推广组织和农户三类行为主体，且不同主体的行为决策效用目标大相径庭。以往传统的经济模型无法将政府农技推广组织、市场农技推广组织和农户三主体间的动态相互影响纳入考量范围，而动态演化博弈理论则通过构建多主体参与的生物农药推广系统能有效解决这一难题。该理论将在第4章中被用于分析生物农药技术推广与采纳行为主体间的决策博弈演化。

2.1.3　有限理性理论

新古典经济学中的基本假定是"经济人"，对人类行为的讨论都是建立在完全理性的基础上，也即在信息完备的情况下，具有稳定性偏好的个体会出于自私自利的原则，作出利润最大化的最优行为决策。完全理性理论更多地强调求解静态的、最优的个体决策问题。然而，建立在经济人假说之上的完全理性决策理论是一种理想的状态，仅适用于经济学理论分析，而很难在实际中产生决策指导价值。因为现实生活中人们对知识技能的掌握不完全，行为主体无法穷尽所有的知识体系，其推理计算能力也极其有限。与此同时，个体决策环境是不确定的，导致决策系统的信息流会随着时间的推移而发生改变，系统"最优"的决策将呈现动态变化特征。20世纪50年代，美国经济学家赫伯特·西蒙（Herbert A. Simon）在质疑和批判完全理性理论的基础上，提出了更符合现实情境的有限理性理论学说，认为个体并非先天就是全知全能的。在不确定性环境下，个体只能凭借自身所能获取的最大信息量，在有限的决策方案中作出更优决策，也即个体的最终决策将处于"完全理性"和"非完全理性"之间。在动态的环境下，独立个体在知识储备和预见能力上的局限性，使其在决策过程中不断寻求"满意"的决策方案，而始终无法实现"最优"决策方案。这种通过"社会人"取代"经济人"的假设，大大拓展了决策理论的研究领域，更加符合现实个体决策行为的经济分析，继而成为当下研究个体决策行为演变的主流学说。

该理论对本书的启示：水稻病虫害具有典型变异性和抗药性，致使病虫害防治工作本身就具有典型的动态不确定性特征。在此决策环境下，稻农无法凭借自身积累的知识来有效应对病虫害发生。为了降低农业生产风险，稻农可以选择依赖外部专业技术力量，进而实现更优的施药行为决策，以此最大限度地降低粮食减产风险。类似地，稻农对生物农药的知识和技能储备更加有限，在是否使用生物农药的决策过程中，当听取外部专业技术指导主体的决策将带来更优的效用目标时，生物农药使用的决策依赖就会产生。有限理性理论将在本书的第5章中解释稻农决策依赖的形成机制起到关键性作用。

2.1.4 技术扩散理论

随着技术扩散活动日趋活跃，全球技术空间体系也逐渐形成，技术创新是全世界社会经济增长的重要源头，技术推广扩散则是实现科学技术向社会生产力转变的重要途径。农业科技创新与技术推广在促进农业经济增长上发挥的作用也不可忽视，农业科技创新可以不断优化和调整技术属性，发掘生产技术的产出潜力，技术推广则是将科技创新的理论价值转化为市场价值的关键。农户是农业生产的基本单元，是生产技术的直接使用者，既受益于农业科技创新，也是农业技术推广的主要参与对象。一般而言，农业技术要实现研发、推广、应用三个阶段的发展变化，其中技术推广是实现农业科技转化为生产力的重要途径，农民是农业技术推广的最终接受者。而技术扩散则强调技术从研发主体向农户转移的过程。技术成果的扩散会受到诸多因素的影响，例如技术成果的适用性、有效性、成本大小和经济效益等因素。而技术扩散的不同阶段所表现出的特征也是完全不同的，一般来说在开始阶段，农业技术的扩散程度比较低，大多数农户对新技术采用都比较谨慎，只有小部分愿意主动尝试。当大多数农户在见到农业技术的成效后开始采用，采用的过程也是对成本、风险和收益等多方面权衡的结果，农业技术的扩散程度随着效果的验证及农户的信任而逐渐提高。农业生产技术的扩散包含技术扩散主体、对象、媒介、方向和速度等要素，这些要素共同决定着技术扩散的最终结果。

该理论对本书的启示：传统化学农药的使用为提升农户生产效率和粮食供给能力作出重大贡献，但长期过量化学农药的投入也导致生态环境破坏和人类健康受损等负面影响。生物农药的出现与兴起迎合了农业可持续发展的需要，是替代化学农药的理想绿色农药品种。但目前我国生物农药仍处于农业技术扩散规律的初级阶段。本书中将探究的农技站和农资店是生物农药技术扩散的重要主体，他们均在向农户推广生物农药，继而有助于实现生物农药的快速普及应用。技术扩散理论将在本书的第 6 章中论证技术推广对稻农生物农药使用行为的影响起到关键性作用。

2.2 概念界定

2.2.1 技术推广

农业技术推广在国外也被称为农业推广（agricultural extension）。全国人民代表大会常务委员会通过的《中华人民共和国农业技术推广法》中对农业技术推广进行了详细解释。技术推广的主体是多元的，包括政府公益型组织、市场营利型组织、生产合作组织和其他生产主体等；技术推广的客体是农林牧渔业生产中涉及的产前、产中和产后各类技术要素的集合，包括育种、病虫害防治、机械、生产加工和储运等；技术推广的手段和方式主要有试验、示范、宣传、培训、补贴和咨询等。也就是说，农业技术推广主要推广农业生产资料和农业技术，是以提高资源利用率、优化生产要素配置和提高农业生产效益等内容为主的推广活动。我国农技推广体系自 20 世纪 50 年代初建立以来，经历了一定的起伏，但总体推广机制在不断健全完善，构建了全国、省、市、县和乡镇的五级农业技术推广系统（赵玉姝，2014）。在目前的农技推广机制中，按照本质属性的差别，农业推广主体可被划分为公益型和营利型组织两大类，两者在农技推广机制中所扮演的角色和发挥的作用存在一定区别。公益型技术推广机构以政府部门、农业高校为代表，营利型技术推广机构则以农资店、农业企业为主。

本书中的技术推广是指以农技站为代表的公益型政府组织和以农资店为代表的盈利型市场组织以及其他农技推广主体，在生物农药的推广过程中，以稻农为技术推广对象开展的针对性宣传、培训、实验、示范、技术咨询、技术指导和农药产品推介等活动。

2.2.2 决策依赖

从现有文献资料来看，目前尚无成熟的"决策依赖"概念可被用于农户行为决策研究。"依赖"的概念来源于心理学，指决策主体无法自立自给而必须依赖外部主体的情形。后也被引用到国际技术贸易的相关研究中，指国家在"卡脖子"技术上的外部依存度，或者国家发展过程中的资源依赖、财政依赖、路径依赖等（李文静、张朝枝，2019）。当然，也有学者尝试将"依赖"的概念应用到农业经济学研究领域，例如，李诗瑶和蔡银莺（2018）开展过农户的收入依赖度、食物依赖度和农地依赖度研究。研究中将农户的"依赖"界定为资源依赖，指农户依赖土地要素来实现基本生存需求的比重。从现有研究来看，目前对"依赖"的衡量主要有主客观两种方式：客观衡量指利用统计数据进行比值核算，例如，技术外部依存度的核算公式为技术进口额占技术投入总额（技术进口额与国内科研经费的支出总额）的比重；主观衡量指利用量表对行为主体进行访谈，例如，设计题项测量汽车供应商的依赖度（Gulati and Sytch，2007），姜翰和金占明（2008）设计题项开展组织间依赖的测度。

本书中的决策依赖是指在稻农病虫害的防治过程中在农药的使用时间、品种和剂量决策上无法依靠自己进行独立决策，进而依赖外部专业技术指导主体（如农技站和农资店）提供决策方案的情形。研究中先以主观题项测度稻农"决策依赖"开展实证，再以客观测度方式进行实证结果的稳定性检验。类似地，生物农药使用决策依赖具体指样本农户在使用生物农药时依赖外部技术指导主体决策的过程。

2.2.3 生物农药使用行为

农药在农业生产中被广泛使用的主要目的是保障粮食的稳定产量，减少病虫害引发的减产损失。《农药管理条例》中明确，"农药是专门用于提前预防、控制或消灭危害农、林业有害生物（包括病、虫、草）的药物或生长调节剂，既可以是化学合成，也可直接来源于天然物质"。我国在 2017 年出台了《农药登记资料要求》，其文本内容并没有完整详细的生物农药定义，生物农药与化学农药的本质差异在于有效成分的来源。生物农药的合成物质更多的是来源于自然界天然的微生物和植物体，而化学农药成分则主要来源于化学物质。学者们也认为生物农药大多是利用天然物质组合研制而成（杨小山、林奇英，2011；邱德文，2015；姜利娜、赵霞，2017），可以轻易被大自然生态所腐化分解，因此生物农药的环境友好型技术特征相较化学农药更加优越（傅新红、宋汶庭，2010）。

本书中的生物农药使用行为指稻农使用生物农药产品进行病虫害防治。目前生产要素市场上常见的生物农药产品主要是以苏云金杆菌、阿维菌素、井冈霉素和苦参碱等有效成分制成的农药产品。农户在水稻生长的任何环节使用生物农药，都可以被认定为稻农的生物农药使用行为发生。

2.3　文献综述

2.3.1　生物农药相关研究的现状与发展脉络

为了更好地把握国内外生物农药相关研究的现状、热点以及文献的发展脉络，本书将借鉴相关学者的研究方法（Chen，2006），采用可视化软件 CiteSpace 文献计量工具[①]对 Web of Science 和中国知网（CNKI）文献库的论文开展关键词的共现和时区图谱演变统计分析。

1. 国外文献的研究现状与发展脉络

首先，利用 Web of Science 整理统计生物农药相关研究的论文数量。进入官方网站[②]后，选择 Web of Science Core Collection（核心库），设定主题词为"biological pesticide"（生物农药），考虑到英文常用缩写的情况需增加一项"or"，并选择主题词为"biopesticide"。截至 2021 年 7 月 8 日，搜索后共获得有效检索 11577 条，为保证学术研究成果的权威性，筛选出"articles"（文章），摒弃"other""review""meeting"和"abstract"等选项，进一步获得 9501 篇文献。结果显示，1990 年以来，生物农药相关主题

[①] 本次下载使用的是 CiteSpaceV.Jar 的 2020 年 6 月 25 日更新版本。
[②] http://apps.webofknowledge.com/。

的国际论文发表数量呈现明显的上升趋势，并在 2009 年之后论文的发表数量增长速度进一步加快，2020 年的发文量高达 886 篇。由此可见，生物农药相关主题的研究依然受到国际众多学者的关注和重视，学术期刊论文的发表数量也在逐年增加。总体来看，国内学者在生物农药相关主题的文献发表数量显著少于国外学者，且国内学者在自然科学领域对生物农药的相关研究的探索更加积极，人文社科研究数量不及总量的 8%。结合中国生物农药推广应用率偏低的现实情况来看，补充生物农药推广机制的研究依然十分有必要。

其次，为进一步解读生物农药相关外文文献的研究内容和热点词汇，采用 CiteSpace 的关键词热点共现的方式展开统计分析。由于上述条件检索的 9501 篇文献量巨大，本书将选用"highly cited papers"（高被引论文）和"hot papers"（热点论文）2 项，进一步筛选出 53 篇生物农药主题相关研究领域的优秀论文。执行程序后可得到图 2 – 1 所示结果，图中字体大小表示关键词的出现频率，连线表示相关度，颜色相似表示年份相近，且颜色越深表示时间越久远。由此可见，随着时间推移，依次出现"pesticide"（农药）"biological control"（生物防控）和"biopesticide"（生物农药）三个主要高频词汇。围绕这三个主题词，逐一呈现出"biological evaluation"（生态评估）"environmental risk assessment"（环境风险评估）"challenge"（挑战）"disease"（疾病）"integrated pest management"（病虫害综合治理）"food plant"（粮食作物）"crop"（作物）"food safety"（食品安全）"biological control agent"（生态防控组织机构）和"benefits"（利益）等，甚至还出现"China"（中国）。也即学者普遍在重点关注农药使用带来的环境危害和造成的人类疾病，并试图采用生态防控与使用生物农药来保障食品安全，实现农业效益提升等问题。

最后，通过外文文献关键词的时区图谱演进来厘清热点的时序演变特征。程序执行后得到的结果，可以发现近 10 年来国外学者们的研究话题由 2011 年的"农药"使用的"挑战""环境风险评估"，以及"生物防控的可行性与收益"，逐渐演变到 2015 年"农业"的"生物农药""生物防治"和"病虫害综合治理"等话题研究，再演变到 2019 年之后"食品安全""作物保护"以及其他生物农药的制作工艺和原料等研究。可见，化学农药的危害性认知已经被充分论证与接受，国外学者们开始广泛地讨论生物农药使用在保护生态环境、保障人类健康和辅助作物生长等方面发挥的积极作用，且生物农药的原料和产品研发也是目前被关注的热点前沿问题。

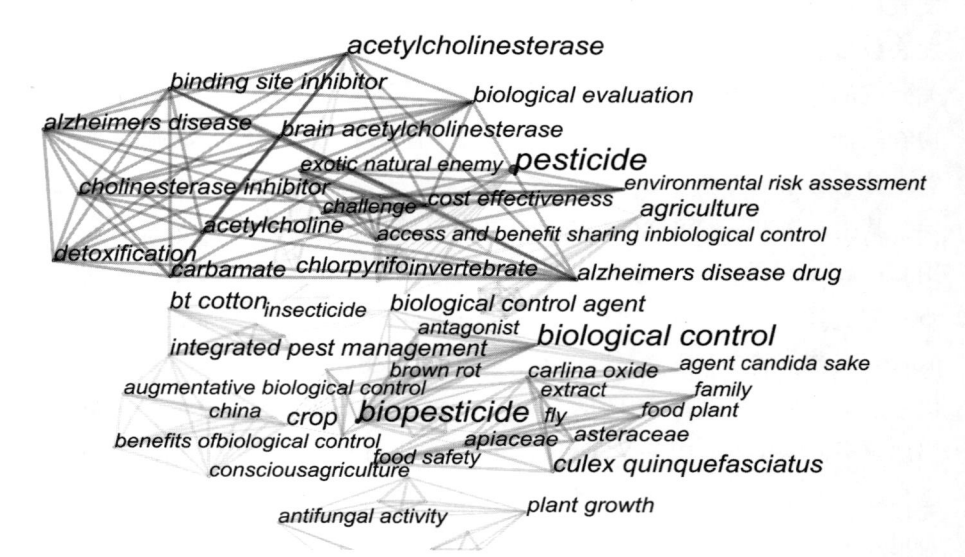

图 2-1 生物农药相关外文文献的关键词共现分析

2. 国内文献的研究现状与发展脉络

虽然我国生物农药的相关研究起步略微晚于国际大多数学者，但国内学者关于生物农药相关主题的研究也不容忽视，特别是 2006 年"绿色植保、公共植保"的理念被提出以来，我国生物农药产业的发展势头不断攀升，基于自然科学与社会科学相关学术研究的开展也逐步增加。

首先，利用中国知网（CNKI）数据库统计中文的文献数量。在高级检索页面将主题设定为"生物农药"，考虑到国内生物农药概念内涵的外拓以及学术界的常用词汇，增加检索条件"或"，并依次输入"微生物农药""植物源农药""生物化学农药""绿色防控""生态防控""IPM""绿色农药""无公害农药"主题词。考虑到学术文献的权威性，删除报纸、专利和会议资料等，并将期刊的来源类别选定为 CSSCI 和 CSCD 论文库。截至 2021 年 7 月 8 日的检索结果显示共获得 1837 条，其中 CSCD 论文 1692 篇，

CSSCI 论文 145 篇。① 其一，国内学者在生物农药相关主题的文献发表数量显著少于国外学者。这里对中文文献的检索已经放宽了限定主题词条件，但数量依然不多。其二，国内中文文献中仍以 CSCD 期刊文章为主，CSSCI 论文数量不及总量的 8%。可见，国内学者在自然科学领域对生物农药相关研究的探索更加积极。其三，2015 年后社会科学领域学者对生物农药相关主题的研究明显增加，这很可能是受到国家颁布农药"零增长"行动方案的政策影响。

其次，采用中文关键词热点共现的方式探析国内学者的相关研究热点词汇。为聚焦于社会科学研究的主要内容，以 145 篇 CSSCI 论文为例展开分析。执行程序后可获得图 2-2 所示的结果，图例中字样的大小、颜色的深浅等内容代表的含义同上。可见，"生物农药"为出现频率最高的主要关键词，其次为"绿色防控技术""食品安全""防治体系""生物防治""IPM 技术""经济阈值""技术采纳""湖北省""老龄化""绿色生产补贴"等词汇，也包含部分类似于"除虫菊""金纹细蛾"等生物农药制作原料的研究词汇，再者就是关于不同主题词的关联性拓展研究词汇。区别于国外研究文献的是，中文文献关键词间的联系呈"树杈状"，外文文献关键词间则呈"网状"特征。也即国内学者对于生物农药的相关研究具有一定的独立性和发散性，学者们的研究明显缺乏交叉融合，社会科学领域的研究尚存在较大的可拓展空间。此外，区别于国外学者研究，国内期刊论文的研究内容在"技术采纳""采纳意愿""使用行为"和"技术推广"等词汇上高频出现。其可能的原因是生物农药在我国的推广起步晚于国外一些发达国家，且目前国内的推广效果并不理想。

最后，通过中文文献关键词的时区图谱演进来厘清热点的时序演变特征。在 20 世纪初期，"生物农药"与"化学农药"的讨论较为激烈，学者们主要关注"农业防治体系""生物防治"和"食品安全"等，很明显学者们已经认识到化学农药的危害性，同时在寻求生物防控技术体系的构建路径。2007~2010 年，学者们聚焦于"林业生物防治""林业生态"和"林

---

① 中国知网的数字文献统计数据仅能检索到 2007 年，这里以 2007~2021 年的数据为例展开分析和说明。

业病虫害防治"等话题研究。① 2013~2017 年学者们则集中在探索农户的"技术采纳""施用意愿"和"施用行为"等相关研究,如何有效促进生物农药等绿色防控技术被采纳是中国学者最为关注的内容之一。2017 年至今则在探究"绿色防控技术""生物多样性"和"林业生态安全"等,研究方法上也出现"倾向得分匹配"等准自然实验的应用。总的来看,中文论文的发表数量在随时间显著增加,研究的热点为生物农药技术推广、技术采纳和生态效应评估等内容。

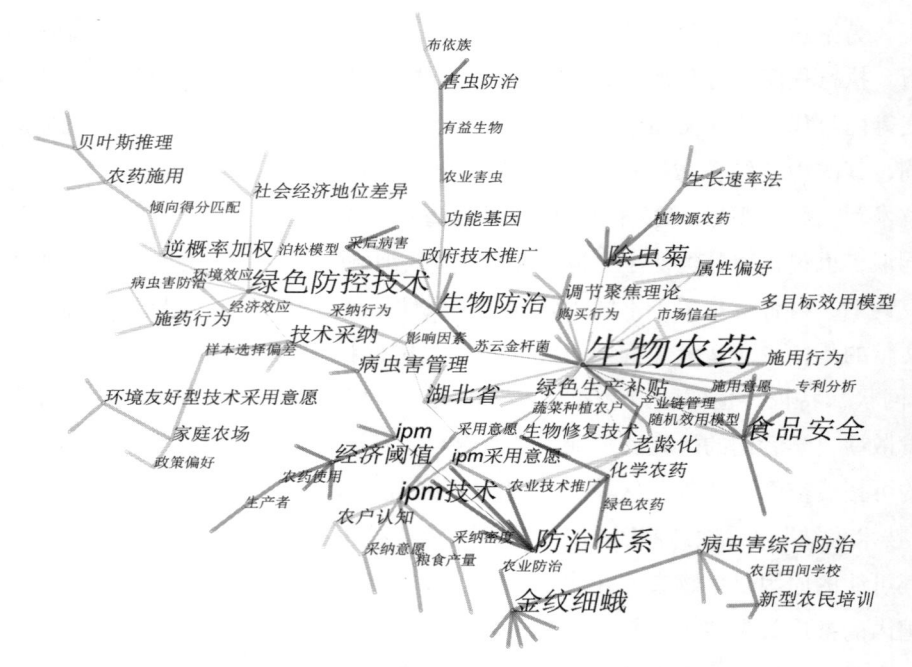

图 2-2 生物农药相关中文文献的关键词共现分析

2.3.2 农户生物农药使用行为及影响因素研究

1. 农药减量替代的必要性

化学农药减量增效是实现我国农业绿色高质量发展的基础。传统农业生

---

① 详情可参考张兴等(2019)研究中阐述的林业生物防治研究在国内发展历程。

产方式的绿色转型，对于实现农业可持续发展及保障农产品质量安全至关重要（宋宝安，2020）。目前我国经济社会进入高质量发展阶段，人们越来越重视农产品质量安全，实施质量兴农战略以增加绿色优质农产品供给至关重要。农药使用量"零增长"方案中明确指出，农药的常年过量使用给我国农业可持续发展和人类健康造成较大威胁，并显著增加了农业生产的单位成本投入。因此，持续推进农药使用量负增长（胡海、庄天慧；2020；李后建、曹安迪，2021）是促进农业可持续发展、低碳发展和绿色发展的重要内容（张国等，2016；蒋琳莉等，2018）。

化学农药的长期、过量使用给我国带来了一系列的负面影响。首先，化学农药虽然是农业病虫害防治的重要手段（米建伟等，2012），但其高毒性、易残留、难降解等特征以及带来的病虫害抗药性等问题（Schreinemachers et al.，2012），造成严重的国际贸易不畅和环境破坏（Zanardi et al.，2015）。其次，化学农药过量低效使用的现象在我国普遍存在（黄季焜等，2008；李昊等，2017），这主要是农药品种选择、剂量确定和施药次数不规范等导致的（黄祖辉等，2016；王建华等，2014）。孔霞（2013）和朱淀等（2014）通过构建 DCF 函数估算了水稻样本的农药边际投入产出率，通过其数值为 0 的结果，判定农户的农药过量或无效使用。姜健等（2017）测算蔬菜种植户的农药施用效率后也得到类似的结论。最后，化学农药施用会对农药施用者造成较大的人身健康危害（Palis et al.，2006；蔡键，2014）。朱淀等（2014）通过对江苏省稻农施药用具的调研发现，大部分的样本农户暴露在施药环境中，存在较大的健康隐患。

生物农药替代化学农药是实现农药减量增效的重要途径。从政府部门来看，"零增长"方案中对化学农药减量目标的实现路径作出重要指示，其技术路径可以概括为"控、替、精、统"四个字，其中"控"指利用绿色防控技术等手段控制病虫发生，"替"主要就是指利用生物农药来替代高毒高残留的传统农药产品，"精"指从剂量、次数和时机上实现精准科学施药，"统"指病虫害统防统治。《农作物病虫害防治条例》《农药管理条例》《关于创新体制机制推进农业绿色发展的意见》等政策文本中无不强调生物农药推广应用的重要性。从学者角度来看，在目前农业病虫害防治体系中，粮食作物的生产依然离不开农药，最好的办法就是要通过使用生物农药等绿色防控手段来替代化学农药进行病虫害防治（宋宝安，2021）。生物农药具有目标靶向性，对人类和牲畜等生物的接触性伤害明显降低（Okello and Swinton，2010）。生物农药相较传统化学农药具有保护环境和保障农产品质量安全的显著优势（郭利京、王颖，2018；罗小锋等，2020）。黄炎忠等（2020）学者研究发现生物农药的使用能在一定程度上帮助水稻种植户实现节本增收目标。

2. 农户生物农药使用行为相关研究

国内外学者主要从农户对生物农药使用的认知、意愿和行为三个方面展开研究。其中学者主要研究化学农药危害认知、农产品质量安全认知和生态环境保护意识等（苘志英等，2014；王建华等，2015）。当然，知识技能的熟知程度是农户执行生物农药使用决策的重要前提（Chen et al.，2013；王绪龙、周静，2016；畅华仪等，2019）。虽然农户的生物农药使用意愿是行为发生的前提，但如何促进农户生物农药使用实际行为发生才是学者们关注的重点（徐晓鹏，2017）。

研究发现农户的生物农药施用意愿与行为间存在复杂的关系。一方面，部分学者认为农户生物农药使用意愿和使用行为是趋同的。例如，傅新红和宋汶庭（2010）通过对蔬菜种植户的调研统计后发现，使用生物农药的样本中超过九成的人本身具备生物农药使用需求和意愿。另一方面，越来越多的研究中指出农户生物农药使用意愿和行为的关系表现出"悖离"和"说一套，做一套"（郭利京、赵瑾，2017；姜利娜、赵霞，2017；余威震等，2017）。主要是因为我国生物农药产品既有独特的优点也有明显的缺陷，例如，农户会出于获取市场利润、保护生态环境和保障食品安全等多目标效用维度增强生物农药的使用意愿（赵晓颖等，2020），但生物农药产品的获取成本高、使用效果不确定以及技术操作难度大等现实问题又阻碍着农户的实际采纳行为（畅华仪等，2019）。因为生物农药原料获取更难，原料供给有限且制作工艺复杂，生产成本大幅度增加（Khan and Damalas，2015），同时生物农药产品有效成分发挥的作用效果也不稳定（徐晓鹏，2017）。加之生产出的绿色农产品无法被精准识别和出售，导致使用生物农药无法创造更大的私人经济效益（宋金枝，2014；黄炎忠、罗小锋，2018；Gao et al.，2019）。总的来看，我国大田作物的生物农药使用率偏低，农户使用生物农药的动力不足（王志刚等，2012；浦徐进等，2014；娄博杰等，2014）。

3. 农户生物农药使用的影响因素研究

如何促进生物农药技术的应用推广是一个相对系统复杂的过程，其受到的阻碍和影响因素是来自多方面的，既包含了农户内在的个人因素（王建华等，2014；Abtew et al.，2016；郭利京、赵瑾，2017；杜三峡等，2021），也与农产品市场、农资要素市场和宏观政策制度等外在因素相关联（王建华等，2015；郭利京、王少飞，2016；黄祖辉等，2016）。以上因素大致可以被归纳为农户层面因素、农产品市场因素和政策环境因素。

农户层面因素对生物农药使用决策具有重要影响。一是农户个人特征与家庭特征被普遍认为是影响生物农药使用的重要内部因素（李紫娟等，2018；Wang et al.，2018），现有的研究中重点关注了受访者的年龄、受教育年限和风险偏好等因素（吴林海等，2011；Liu and Huang，2013；杨柳、邱力生，2014），以及农户兼业状态、收入水平、生产规模和家庭结构等因素带来的影响（Zanardi et al.，2015；姚文，2016；李昊等，2018；熊鹰、何鹏，2020）。其中，农户文化程度和认知水平不高（毛飞、孔祥智，2011；朱淀等，2014；Khan and Damalas，2015）、专业技能缺乏（王建华等，2014；Paul et al.，2020）是导致农药不合理使用的主要原因。因此，学者们强调要通过政策宣传提升农户食品安全、农药残留和生态环保认知，以田间培训在短时间内提升农户的施药知识与技能（陶建平、徐晔，2004；Chen et al.，2013；Abtew et al.，2016）。二是农户的生物农药认知因素也很重要，文献中主要包含农药的毒性认知、农药的残留危害认知、生态环境感知、农产品质量安全认知以及道德感知等（张云华等，2004；龚继红等，2016；赵瑾、郭利京，2017）。同时，农户个人认知能力水平不够导致的农药过量使用或误用，给我国农业生产、环境保护和人身健康造成巨大的损失（李世杰等，2013）。仅当农药的毒性、残留和安全间隔期等基本属性被农户熟练掌握时，农户才有可能进行科学施药（王建华等，2015）。

农产品市场因素和政策因素是影响农户生物农药使用的核心外部因素。市场因素直接关系农户最根本的产品收益，其绿色农产品是否能顺利实现"优质优价"和"畅销"是农户进行绿色生产，进而选购生物农药的首要原因（Skevas and Lansink，2014；王建华等，2015；李后建、曹安迪，2021）。也即农户在农业生产过程中使用生物农药的最根本动机是获取市场利润，生物农药会被农户积极使用的前提条件是比较收益明显增加（浦徐进等，2011；王志刚等，2012；Wu et al.，2012；茆志英等，2014；杨玉苹等，2019），这要通过治理绿色农产品市场环境、保障绿色产品溢价机制来实现（姜健等，2017）。

政策因素是解决生物农药使用正外部性和规制农户施药行为的关键。因为生物农药的使用能产生社会效益与环境效益，短期内并不能有效转化为农户的个人收益。且良好的制度环境构建不仅能惩戒农户的农药不规范使用行为，还能激励生物农药的研发、推广和应用（王建华等，2015；郭利京、王少飞，2016；Pan et al.，2021）。在正外部性存在的情况下，政府对生物农药使用的干预是必要的（Osteen and Kuchler，2010；任重、薛兴利，2016；黄祖辉等，2016）。而且在绿色发展初期，政府作为农业绿色转型升级的第一推动力，其构建的支撑保障制度体系将有益于区域产业不断地集聚和延伸，在短期内有效提升人们的绿色生产消费意识（王志刚等，2012）。此外，病虫害统防统治、土地托管等社会化服务也是促进生物农药使用的有效途径（Gao et al.，2019；孙小燕、刘雍，2019）。

2.3.3 农业技术推广及其对生物农药使用行为影响的研究

1. 我国农业技术推广体系的构建与发展

从纵向看，农业技术推广体系随着人事权、财务权、管理权（以下简称"三权"）的调整，不断进行市场化的尝试（黄季焜等，2009）。改革初期，为适应联产承包责任制，农技推广体系得到了快速发展，1989年开始将"三权"下放到乡，并允许农技推广单位从事技物结合的系列化服务，农技推广单位均成立了农业生产资料销售部门。部分地方政府和学者都认为农技部门可以通过经营养活自己，从而给农技部门"断奶"（张标等，2017）。但事实上乡农技站被减拨或停拨事业费后，大量农技员离开了基层推广岗位，开始出现"网破、线断、人散"的现象（宋洪远，2008）。国家随后在1991年再次将"三权"上收，并相继颁布《关于加强农业社会化服务体系建设的通知》和《乡镇农技推广机构人员编制标准（试行）》以巩固和加强农业社会化服务体系，稳定农技推广队伍，并在基层农技推广部门开展"定性、定编、定岗"的工作。然而，财政部门投入依然跟不上人员数量和工资增长的需求，"三权"不得不于 2001 年再次下放，但仍然存在县乡两级农技推广部门脱节、农技员的工作性质变化、农技人员减少等问题（陈辉等，2016）。2004 年后，国务院颁布《关于深化改革加强基层农业技术推广体系建设的意见》，要求各地全面推进改革。随后农技推广区域站、以钱养事、农户需求型、目标管理责任制等不同的农技推广改革模式在全国各地不断呈现（贺雪峰，2008）。

从横向看，虽然我国仍然以政府技术推广机构为主，但多元化主体的农业技术推广体系正在逐步形成。在未来的农技推广改革进程中，要善于利用政府、市场和村民组织等多元农技推广主体的力量，致力于构建更完善的农技推广体系（胡瑞法、孙艺夺，2018）。通过构建多元主体参与的农技推广体系，可以形成政府公益型农技推广组织、营利型农技推广组织和村民自治型农技推广组织等交织的农技推广网络体系（周曙东等，2003；佟大建等，2018）。有限的公益型农业技术服务站行使"政府的"技术推广职能，其主要工作是执行上级政府指派制定的技术推广任务；而商业化的农资企业和零售商等组织则以获取市场利润为目的（冯小，2017）。当然，政府公共和市场私人农技推广服务组织能在一定程度上满足农户的多样化技术需求，发挥农业技术推广中的功能互补，进而可以组建一个功能较为完整的农业技术推广网络体系。

当然，目前我国仍存在以下方面的问题。第一，农技推广事业经费不足。农业技术推广中心的公益性职能，例如病虫害预警、通报、咨询和培训等活动，都需要大量的财政经费支撑。经费投入不足的直接后果是技术推广的成效低、在职人员流失、农技推广体系无法壮大甚至不可持续等（李博等，2016）。第二，管理体制不明确。职能划分模糊使得农技推广工作无法定责定岗，不仅极大影响机构的运行效率，还造成公共资源的浪费。第三，技术需求与技术供给脱节。以往政府主导的"自上而下"农技推广机制，使得很多地区的技术推广出现供需失衡的困境（张蕾等，2009；李容容等，2017），也即生物农药的推广不一定符合农户的真实需求。第四，我国现行的农业技术推广体制在一定程度上限制了市场化农技推广体系的发展。市场农技推广组织完全趋于营利式的农技推广方式，导致部分社会公共需求性的农技推广工作明显滞后（黄季焜等，2009；文长存、吴敬学，2016）。第五，技术研发推广部门缺乏团结凝聚力，这将直接导致各部门行政能力受限，无法合力完成生物农药技术推广目标（冯小，2017）。

2. 生物农药技术推广发展历程

在生物农药推广应用方面，我国也积累了丰富的技术经验。早在20世纪80年代，我国就在农业和林业方面，大力开发植物源农药和生态防控技术，其中最被社会大众所熟知的就是Bt农药①的研发与投入使用。但随着社会经济的高速发展，高效低价的化学农药在提升农业生产效率、降低病虫害损失和保障国家粮食安全方面更具优势。这也使20世纪初期我国生物农药的发展再次受阻（郭荣，2011）。然而，自党的十八大以来，农业绿色高质量发展战略受到国家政府的高度重视，农药使用量"零增长""减量增效"和"负增长"等内容多次被提上日程。至此，生物农药的推广应用再次迎来机遇。农业技术推广在一定程度上促进了农户生物农药采纳行为，如无公害优质稻米生产的病虫害防治等（白和盛、徐健，2011）。生物农药推广也使得制药企业能够发掘更大的生物农药市场潜力，继而得到更多的市场盈利空间，且有助于农户更好地客观评价生物农药（郭利京、王少飞，2016）。但也有学者研究发现，当前我国农业技术推广呈现出"技术研发与推广严重不足，农户转化利用效率较低"的特点，政府在生物农药示范推广和市场补贴等方面存在一定程度的不足（耿宇宁等，2017）。2013年在科技部的支持下，中国农业科学院牵头组织并成立了"生物农药与生物防治产业技术创新战略联盟"，为我国生物农药产业的发展提供重要技术和人才支撑。

当然，我国生物农药技术推广工作也存在诸多难点与困境。在应对社会发展的老龄化、绿色化、城镇化、信息化和大数据等新背景下（余威震等，2019；闫阿倩等，2021），农业技术推广在迎来新的发展机遇的同时，也有新的发展矛盾不断出现。就绿色生物农药技术推广而言，技术推广初期存在明显的不确定性和风险。例如，生物农药使用无法短期高效控制病虫害的风险，生物农药使用的长期社会收益的产权界定风险以及社会资本的投资回报率无法预期等（宋燕平、李冬，2019）。刘万才和黄冲（2018）认为目前我国绿色生物农药技术推广主要面临两个难题：其一是全球极端气候变化导致

---

① 一种微生物杀虫剂。

的病虫害高频暴发，加上农业技术推广体系人员队伍综合素质和设备仪器更新速度慢等，导致病虫害防治技术供需失衡（Ghimire and Woodward，2013；Cliff et al.，2018）；其二是农业绿色高质量发展对农业技术推广的服务内容与质量都提出了更严格的标准。绿色技术服务的供给明显不足，传统农业技术服务推广模式不足以满足新时代背景下的农户技术需求，且也没有很好地解决不同禀赋特征农户的差异性需求问题（王洋、许佳彬，2019）。农户的生态环保意识还偏低，生物农药还存在技术风险，技术的适用性还有待提升（黄炎忠等，2020）。

3. 农业技术推广对农户生物农药使用行为的影响

农业技术推广是实现我国农业现代化的重要支撑力量（Davis et al.，2011；Ali and Sharif，2012；陈治国等，2015；胡瑞法、孙艺夺，2018）。近年来，我国农业技术推广服务体系发展迅速，涵盖了水稻种植、设施蔬菜、食用菌、病虫害防治、节水灌溉、测土配方施肥和秸秆还田等农业生产诸多环节和领域（喻永红、张巨勇，2009；高雷，2010；丁玉梅等，2014；张领先等，2015）。研究发现，农业技术推广显著提升社会总体福利水平，表现为农业高新技术的普及率、农作物单产水平和农民收入水平都在不断上升（华春林等，2013；佟大建、黄武，2018）。

农业技术推广是助力生物农药技术快速普及应用的重要手段。农户无法完全凭借自身积累的经验进行有效的病虫害防治（Wang et al.，2018）。生物农药和化学农药在很多方面都存在不同，生物农药的使用对技术专业的掌握要求更高。施药者需要熟练掌握生物农药的操作标准，例如在施药的时间上、剂量上、气候上以及作物病症上都有严格的界定标准。若实际用药与标准存在较大出入，往往就很难达到彻底控制害虫的预期效果（傅新红、宋汶庭，2010）。陈欢等（2017）认为农业技术推广可以通过宣传、培训、试验和示范等手段，向农户传递生物农药技术信息，继而弥补农户因信息不对称导致的农药误用行为。也有研究表明，农户对生物农药技术信息的掌握程度越高，接纳生物农药的可能性就更大（王志刚等，2012）。生物农药信息的获取、技能的学习都将花费农户大量的时间和精力，形成隐性成本，只有在收益足够大的情况下，农户才愿意进行搜寻和学习（鲁柏祥等，2000；米建伟等，2012）。

农业技术试验、示范、培训、指导咨询和补贴等农技推广活动有效促进了农户采用生物农药技术。应瑞瑶和徐斌（2017）就强调要进一步加大地方财政资金的投入支持力度以助力绿色防控技术推广项目的实施，其中小农户应该是绿色防控和生物农药技术的重点推广对象。且为了应对政府农技推广资源的有限性，应该鼓励当地的种粮大户和种植能手积极参与农业技术的示范与推广工作。关桓达等（2012）研究发现，通过政府组织开展的农药安全培训活动，可以有效提升农户的安全用药意识，进而纠正农户不科学的用药习惯。农药施用所掌握的知识结构和接受的正规培训都能在一定程度上促进农户的安全农药使用（耿宇宁等，2017）。杨普云和任彬元（2018）认为要遵循"节本增效"技术推广原则，促进生物防控技术措施的推广应用。刘迪等（2018）则认为要发挥政府与市场的协同作用，政府部门要积极出台奖惩制度来弥补市场机制的不完善，进而肃清绿色农产品市场的"劣币驱逐良币"风险，通过完善绿色农产品的市场环境，构建供需均衡的内生循环系统，提升农户的绿色生产动力和积极性。

2.3.4 农户对外部技术指导主体的决策依赖研究

1. 农户病虫害防治的外部技术指导需求

由于农户自身能力有限，加上水稻病虫害具有变异性和抗药性的动态演变特征，使得农户在农业生产过程中，无法完全依赖自身经验有效地防治病虫害，需要依赖外部技术主体为农药的科学使用提供技术指导。主要原因包含以下两个方面。

一方面，受制于自身文化程度、认知水平和农药知识技能的局限性，农户并不能完全依赖自己的生产经验来有效地控制病虫害发生（Mekonnen，2005；Dasgupta et al.，2010；Wouterse and Badiane，2019）。有研究指出农户通过个人经验摸索与积累或者传承父辈生产经验开展防治病虫害时，其在农药的品种选用、施药用量和施药周期判断上各不相同，施药标准也不统一，这使得凭"经验生产"的科学性遭到质疑（关桓达等，2012）。依赖自身经验的施药方式甚至被部分学者鉴定为一种传统的用药"陋习"（Zhao et al.，2017）。此外，目前我国市场上不同地区、不同功能、不同品牌的农药具有较强产品异质性，与此同时，病虫害的发生具有多样性、变异性特征，使得病虫害防治工作的专业性越来越强，害虫防治变得越来越复杂，农户不得不寻求外部更专业更科学的组织来进行病虫害防治指导（Abhilash，2009；Khan and Damalas，2015）。

另一方面，我国农业技术推广体系不断完善，病虫害预警体系也相对成熟。在害虫防治过程中，农民很容易获得外部技术指导（Wang et al.，2018；Rahaman et al.，2018）。近年来，我国农业技术推广体系发展迅速，形成了完整的国家、省、市、县和乡镇五级结构组织体系（佟大建、黄武，2018）。目前我国在1030个区域站和5000个虫害监测点的基础上开展了虫害预警服务,[①] 并通过广播、电视、移动网络、报纸等信息发布渠道，对病虫害进行及时监测、准确预测和高效传播。更重要的是，我国主体多元化的农业技术推广体系正在逐步形成。非营利型和营利型的农业技术推广服务机构可以满足农民多样化的需求（Zhang et al.，2015）。其中最具代表性的营利性组织是农药零售商、非营利性组织是政府农技站（左两军等，2013）。农技站和农资店对纠正农民使用农药的不良习惯具有重要作用（Akter et al.，2018；Huang et al.，2020），他们提供的农药使用技术指导能诱导和干预稻农的农药使用行为，进而改变稻农的不良施药习惯。

2. 农户生物农药使用决策依赖的技术推广主体

农技推广工作的实质是农技人员从科研单位学习掌握最新研发的农业技术，经过消化吸收后再教授、传播给农户，其主要工作是在于和农户的交流、沟通，使农业技术在实际生产中得以运用。其中农业技术的试验和示范过程，对于农户来说能直接观察到该技术的使用效果和经济效益，给周围其他农户的使用决策提供了参考建议。因此，目前营利性组织和公益性农技服务组织成为农户获取生物农药技术信息的两个主要渠道（李容容等，2017；胡瑞法、孙艺夺，2018；Wuepper et al.，2021），其中最具代表性的就是农资经销商与乡镇农技站（牛桂芹，2014；王建华等，2014；佟大建等，2018）。学者们强调要发挥政府在技术信息扩散中的助推作用，在监管和维护市场技术信息传播的过程中，培养农户积极参与技术推广扩散的意识（麻丽平、霍学喜，2015；吴雪莲，2016；罗小娟等，2019）。

---

① 数据来源：http://data.cnki.net/yearbook/Single/N2019120061。

以农资店为代表的营利性组织推广生物农药技术。农资店在向农户推介和售卖农药的同时，也实现了部分病虫害防治信息的有效传递，这在一定程度上引导和规范了农户的施药行为（佟大建、黄武，2018；Constantine et al.，2020）。农资店的经营者会将农药使用说明书中的内容进行简化，进而以简短的口述方式，将农药产品的关键信息告知农户（王永强、朱玉春，2012）。与此同时，病虫害的发生具有多样性、变异性特征，加上市场上不同地区、不同功能和不同品牌的农药种类繁多，具有较强的异质性，这都使得病虫害防治工作的专业性越来越强，农户不得不寻求农资售卖员的帮助来进行病虫害防治指导（Abtew et al.，2016），这被徐晓鹏（2017）等学者称为农户在施药决策上"丢失话语权"。虽然农资店在农业技术推广体系中发挥了越来越重要的补充作用，但其发展速度分化，导致生物农药产品要素供给市场混乱、质量无法得到充分监管等一系列的难题（牛桂芹，2014），基于市场利润导向的农资店往往与假劣农资坑农害农现象撇不开关系（朱磊，2018）。当然，在很多政府农技推广工作无法"落地"的时候，遍及农村的商业性农技推广力量（农资店）将发挥至关重要的作用（冯小，2017）。

以农技站为代表的政府公益性组织推广生物农药技术。科技示范、政府宣传和培训等技术推广活动是影响稻农生物农药使用行为的关键社会环境因素（应瑞瑶、朱勇，2015；蒋琳莉等，2018），有利于加深农户对农药产品特性、施用方式的认知（Khan and Damalas，2015）、提升农户的施药知识技能和信息获取能力（Chatzimichael et al.，2014；高杨、牛子恒，2019）。农药是典型的风险控制型投入要素，病虫害的暴发会直接导致严重的粮食减产损失，因此，风险规避型和厌恶型农户的农药使用量明显增加（朱淀等，2014），而技术培训与示范能有效降低农户生物农药使用的技术风险感知（米建伟等，2012；王建华等，2014；畅华仪等，2019）。郭利京和王少飞（2016）研究则指出，目前生物农药技术推广不畅主要由心理距离、调节聚焦以及利益追求三方面原因导致，政府组织要调整生物农药的宣传策略，强调生物农药使用的长期效益和生态环境效益。

2.3.5 文献述评

（1）我国大多文献将技术推广作为重要因素，研究其对农户生物农药技术采纳行为的影响，而对农技推广主体的生物农药技术推广行为本身关注甚少，对农户、农技站和农资店等多主体决策协同机制的研究更为少见。

学术界关于农户的生物农药、绿色农药、绿色防控技术采纳和安全施药行为的研究成果丰富，实证研究论文颇多。而对农业技术推广服务主体的实证研究偏少，农业技术推广主体的生物农药推广行为机理尚未得到充分揭示。现有研究割裂了技术采用端（农户）和技术推广端（技术推广服务主体），缺乏对农户与技术推广服务组织等多主体间激励相容条件的探讨。事实上，农户与技术推广服务主体都具有各自的行为决策目标函数，在应用与推广生物农药时，农户要实现利润最大化、风险最小化和食品安全效用等多元目标，技术推广服务主体也要实现市场盈利或政策服务的目标。应用与推广生物农药应该使两者达成"双赢"的局面。很显然，目前研究尚未讨论技术推广主体与受体间决策的相互动态影响，而这将是顺利促进生物农药推广应用的关键。那么，农技站和农资店愿意推广生物农药吗？影响因素有哪些？不同主体决策间是否存在动态的相互影响？这些问题的解答对于揭示其生物农药推广行为机理，促进生物农药的推广使用具有重要的理论与现实价值。

（2）现有研究大多将农户设定为必须独立依靠自我能力进行施药决策的个体，进而忽视农户施药决策的"依赖"特征，使得农户施药决策逻辑的理论研究并不完全符合现实情境。

已有文献资料对农户的施药行为展开了广泛的理论模型与宏微观实证研究。无论是运用成本收益理论还是风险规避理论，构建农户的农药选用决策及其影响因素模型。文献中大多将农民视为自我独立决策的个体，忽视农资店与农技站等外部主体带来的影响，仅在模型中以"信息获取"和"技术培训"等变量加以控制，其思考的逻辑依然是"如何致力于提高农户的个人施药能力和技能"。然而，现实生活中农户病虫害防治对外部（农技站或农资店）的决策依赖程度越来越高，农户对于"打什么农药、什么时候打药和兑多少水"等都是听从农技人员和农资经销商的建议。在该过程中农户无须自己完全掌握病虫害识别和农药选用的知识技能，而是执行外部主体提供的"施药建议"就行。因此，仅从"农户个人能力提升"视角来研究农户施药行为逻辑可能存在一定的偏误，病虫害防治的决策依赖特征应该被给予更多的关注。且随着农业生产分工体系的不断完善，农户自主学习病虫害防治知识的机会成本将不断增加，社会化服务完全可以代替农户执行"看病开药"环节的工作，进而可以大幅提升我国生物农药的推广效率。

（3）农业技术推广对农户生物农药使用行为的有益影响已经得到学者们的普遍证实，但对于如何进一步优化生物农药宣传、培训、示范和补贴等技术推广活动的作用效果还有待深入探讨。

现有研究利用 Logit 模型、准自然实验和质性研究方法等依次论证了生物农药宣传、培训、示范和补贴等技术推广活动对农户生物农药使用行为的有益影响。大多数研究设计都是论证以上农技推广方式"是否有效"和"哪种方式更有效"两种类别的问题，继而将生物农药技术推广不畅的原因片面地归于生物农药技术推广制度不完善、技术推广方式不对和技术推广力度不够等。然而，学者们的研究区域和对象差异也导致了部分结论出现分歧，使得相同的技术推广策略可能在不同的区域或对象上作用效果不同。可见，生物农药技术推广策略的有效性评价必须设立在特定的情境下。此外，政府资源是有限的，要使有限资源发挥最大效用，必须因地制宜开展生物农药技术推广。因此，探究何种情境下能发挥不同技术推广主体的生物农药宣传、培训、示范和补贴等技术推广方式的最大效益，对于提升现阶段我国生物农药技术推广效率至关重要。

第 3 章

我国生物农药的使用情况分析

本部分主要分析我国水稻种植过程中病虫害防治的生物农药使用现实情况。首先，运用宏观统计数据从水稻灾害、农药施用量、农药施用品种注册登记与生物农药市场占有率等方面，解析我国水稻种植过程中的病虫害防治现状。其次，解读我国化学农药减量政策，基于政策文本资料了解我国水稻化学农药减量现状，并解答生物农药替代化学农药途径的减量贡献，进而阐明生物农药技术推广的必要性、重要性与迫切性。最后，设计微观农户调研问卷并开展样本数据的收集工作，通过农户水稻生产过程中的病虫害防治行为，全面了解稻农的施药行为及其生物农药采纳认知、意愿与行为特征。

3.1 我国化学农药使用情况与减量行动

3.1.1 我国化学农药的使用

化学农药的使用无疑为我国农业生产效率提升、病虫害防控与粮食减损作出重要贡献。联合国粮农组织（简称粮农组织）统计数据显示，世界各国因为化学农药的积极使用，降低粮食的减产损失概率最高可达40%，其市场经济价值高达千亿美元。更重要的是，农药的使用极大地降低了虫害和鼠害等有害生物传染人类的潜在风险。[①] 此外，化学农药的使用无疑为缓解人口众多的中国粮食安全问题发挥了重要作用。从我国2008~2018年的数

---

① 数据来源于 FAO 的 ORCED 报告（http://www.fao.org/faostat/zh/#country）。

据来看（见表3-1），中国每年农作物病虫害发生面积均在3亿公顷/次以上，平均挽回的粮食损失达7042.79万吨。同时粮食、棉花、油料等农作物的病虫害发生面积也在逐年下降，病虫害减产损失得到有效控制，而化学农药仍然是重要且有效的植物保护手段。

表3-1　　　　　　　　中国农作物病虫害发生的基本情况

年份	发生面积（千公顷/次）	防治面积（千公顷/次）	挽回损失（万吨）			
			粮食	棉花	油料	其他
2018	415937	516122	8337.38	94.23	368.00	7305.52
2017	315323	410443	5958.32	90.70	270.05	6168.23
2016	321800	413983	6168.70	83.78	243.57	6124.05
2015	344644	438207	6834.12	90.72	225.21	6003.02
2014	348415	449141	7031.98	114.94	255.67	641.59
2013	359533	445990	6983.23	118.94	248.14	647.62
2012	384621	481687	8161.87	157.00	247.89	655.62
2011	355687	437928	6362.06	159.26	232.83	665.80
2010	367369	444920	6855.42	135.69	226.91	6810.35
2009	367773	447630	7730.45	169.45	235.25	6807.51
2008	367982	449053	7047.11	200.93	252.65	6716.39

数据来源：2009~2019年的《中国农业年鉴》。

从20世纪90年代以来，我国农药使用量不断增加，我国成为化学农药生产量和消费量第一大国。为了有效防治病虫害，降低农业自然灾害带来的减产风险和保障粮食安全，农业化学农药被大量生产和使用。从纵向看，1995年我国农药使用总量108.70万吨，相对于2014年的180.33万吨，增加了65.90%。自2015年"零增长"行动方案实施以来，农药使用量才下降到2022年的119.00万吨。从横向看，2022年农药使用最多的省份依次为山东省、河南省、湖北省、湖南省、广东省和安徽省等，其农药使用量依次达到10.5万吨、9.2万吨、8.5万吨、8.2万吨、7.6万吨和7.3万吨。[①]

---

① 国家统计局官网数据库（http://www.stats.gov.cn/）。

常年的化学农药使用使得一些化学有害物质在生态系统中富集和转移，带来了人类健康损害和生态系统破坏的消极长远影响（方晓波，2011；郭晨，2016）；高毒、高残留的化学农药带来的环境污染问题严重影响了农村农业的可持续发展。且随着经济发展和物质生活水平的提高，人们的农产品质量安全意识不断提升，生产和消费观念发生较大变化，加之农产品食品安全屡遭曝光的事件，使得食品安全问题备受消费者关注。当下人们的消费需求层次开始转变，对农产品的质量具有更强的消费需求偏好，这将促使市场消费结构升级。

3.1.2 我国化学农药减量行动

改革开放以来，中国经济取得了飞速的发展，但是发展的背后却是资源的消耗和环境的破坏，当前各种生态环境问题日益突出。党的十八大以来，党和国家高度重视生态环境问题，制定并出台了一系列的法律、方针、战略和政策，以期在经济增长的同时，实现生态环境的改善。在农业领域，绿色高质量发展是实现农业可持续发展的必经之路，从《全国农业可持续发展规划（2015—2030）》颁布以来，党的十八届五中全会将"绿色化"发展战略提到前所未有的高度。国家政府强调要以绿色发展的理念为导向，进而推动农业的绿色发展。2015年农业部向全国各省域积极印发化肥农药使用量"零增长"方案的通知，由此我国农业生产的农药减量增效行动开始得到重视并顺利推进。

1. 化学农药减量政策的效果评估

自2015年实施《到2020年农药使用量零增长行动方案》以来，中国农药减量的成效十分显著，"零增长"目标提前完成。2015年以来农药减量行动取得的成效主要体现在以下两个方面。其一是农药减量总目标超额完成，实现农药使用量"负增长"。2015~2022年我国农药使用总量增长率分别为－1.13％、－2.41％、－4.89％、－9.12％、－7.45％、－5.68％、－5.64％和－3.95％，年均实现"负增长"，2022年相较2014年累计实现全国农药减量－34.01％，农药减量效果十分显著，农药减量趋势非常乐观（见图3－1）。其二是农药减量局部目标全部完成，各省均顺利实现农药减量。

从图3-2来看，我国31个省（自治区、直辖市）均实现农药使用量"负增长"。相较全国平均水平而言，甘肃省、海南省、上海市和天津市等14个省份农药减量成果显著，减量效果和幅度明显超过全国平均水平，其中，甘肃省农药减量达到65.31%，海南省农药减量达到54.89%，上海市农药减量达到57.14%。由此可见，我国农药使用量"零增长"目标提前超额完成，农药减量效果显著，农药减量趋势较为理想，且各省农药减量行动均已顺利展开。

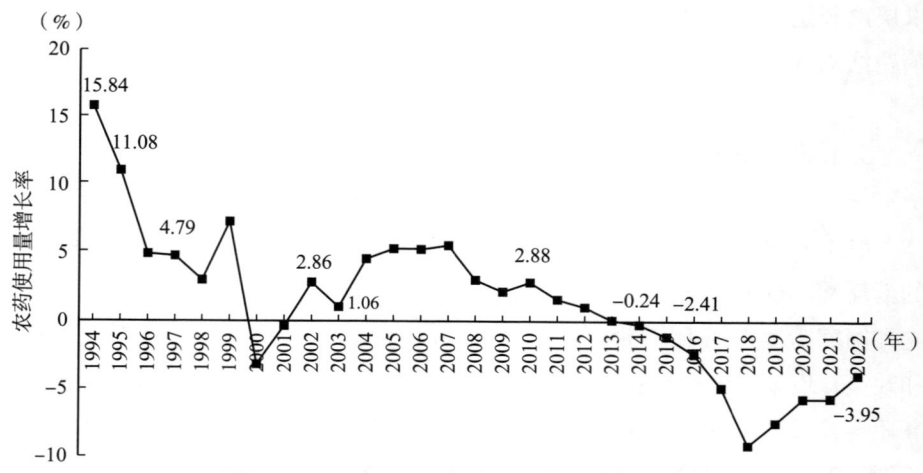

图3-1　1994~2022年我国农药使用量增长率

数据来源：国家统计局官网数据库（http://www.stats.gov.cn/）。

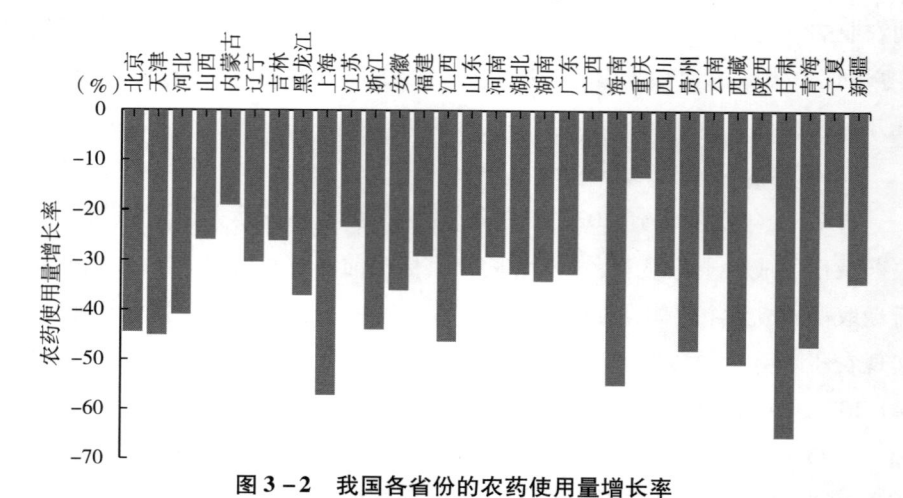

图3-2　我国各省份的农药使用量增长率

数据来源：国家统计局官网数据库，利用2022年与2014年各省农药使用量折算得到。

2. 化学农药减量目标转变：从"零增长"到"负增长"

自 2015 年农药"零增长"行动方案提出以来，农药减量战略在我国各省得到大力协同推进。可喜的是，自 2015 年实施该战略以来，我国农药的使用量逐年稳步下降，并提前实现"零增长"目标。2019 年中央一号文件中为强调农药减量增效的持续性和必要性，再次提出"负增长"目标。在随后印发的《2020 年农业农村绿色发展工作要点》中指出要继续"推进农药减量控害"，以助力"农药使用量负增长"。党的十九届五中全会更是将"广泛形成绿色生产生活方式"和"推动绿色发展"作为"十四五"规划的重点内容之一。由此可见，我国农业化学农药减量目标已然由"零增长"向"负增长"转变，在"零增长"目标基本达成后，仍需认真思考和推进农药使用量"负增长"。

3. 农药减量的技术路径：兼论生物农药的地位

我国农药减量增效的行动目标是非常坚定且明确的，对于如何实现农药减量增效的技术路径大致可以归纳为"控、替、精、统"[①] 四个字：其中"控"指合理地运用绿色防治手段（包含生物防治），通过良好的生态系统环境来控制病虫害的合理数量，进而减少农药的使用次数和用量；"替"则是以生物农药替代化学农药，特别是要尽快替代掉高毒、高残留和难降解的化学农药产品；"精"是精准施药的意思，指在农药品种、农药剂量和农药使用时间与农作物作用部位等环节，实现科学精准化的用药，避免农药的误用；"统"则是要实现病虫害统一防治，防止病虫害在周边田块间因扩散和逃逸导致的农药重复过度使用。由此可知，利用生物农药来替代化学农药是农药减量技术路径中"控"与"替"的重要内容。

生物农药是目前替代高毒化学农药最具潜力的绿色农药品类。基于目前农业现代化发展水平，要抵御自然灾害，保障粮食安全和社会稳定发展，农业生产依然离不开农药。此外，随着农业"绿色植保、公共植保"的绿色防控理念推行，生物农药的制作成分全部来自天然植物与微生物等，很容易被阳光、土壤和水分等气候因素降解，进而进入大自然循环系统（邱德文，2015；张凯等，2021）。生物农药的环境友好型技术属性相较化学农药更加

[①] 详细内容参见《到 2020 年农药使用量零增长行动方案》。

优越，显然要更加符合世界可持续发展的目标和向往，能更好地满足高质量农业发展的社会需求（傅新红、宋汶庭，2010；袁善奎等，2015；王桂荣等，2020）。生物农药相较普通化学农药而言，能同时起到杀虫和杀菌的效果，在农作物病虫害综合治理过程中发挥着重要的作用（王晓杰等，2020），其主要优点主要体现在：一是靶向目标明确，不会损害人畜健康；二是对生态环境的影响程度较小；三是不易产生病虫害抗药性。

3.2 我国生物农药的发展情况

据史书记载，我国是最早使用汞剂、砷剂和藜芦等天然物质进行虫害防治的国家之一。植物源农药的使用一直延续到化学合成农药发明之前，在20世纪40年代后，其对农业生产的重要性地位才逐步被化学农药所替代。不可否认的是，化学农药的使用确实为我国农业生产效率的提升和粮食安全的保障作出极大贡献。也正是因为化学农药防治效果好、生产效率高等优势才得以大面积推广应用。1960年后，化学农药积累的负面影响开始显露，人们开始探索和寻找更安全的生物农药。20世纪90年代后，我国学者和社会大众迎合世界农药减量以实现农业绿色可持续发展的呼声越来越高，国内学者也开始将农药过量使用、化学农药减量和生物防治技术推广等作为重点研究议题。

当然，生物农药的发展具有悠久的历史，其实验室研究起步于19世纪。1920年，以苏云金芽孢杆菌作为主要成分的生物农药首次投入商业化使用，并于1961年在美国被正式注册为生物农药。19世纪70年代，中国开始大量关注化学农药使用带来的负面影响，尝试调整农药的研发登记方向，并开始了对生物农药的探索工作。在20世纪初期，国际联合组织才正式制定生物农药的行业执行标准，自此以后世界各国的生物农药产业才正式步入蓬勃发展期。我国的生物农药产业发展稍微滞后于一些发达国家。随着环境科学、生物学、遗传学、基因编辑和细胞工程等高新技术的不断崛起，生物农药技术的加成使得其具备的社会、环境和经济价值潜力巨大。生态农业、可持续发展农业、绿色农药和高质量农业等发展趋势，使得生物农药的优越特性受到特别的重视（杨峻等，2014；杨普云等，2018）。从2014年开始，我国政府在各地区实施生物农药补贴政策试点，使得生物农药的推广在全国各地如火如荼地展开。

3.2.1 我国生物农药制药企业发展现状

在全世界范围来看，生物农药制药产业呈现出欣欣向荣的态势。国际市场上生物农药的市场份额占比为美洲44%、欧洲20%、亚洲13%、大洋洲11%、拉丁美洲9%、非洲3%。[①] 中国在全球生物农药市场的份额占比极少，根据国家统计局数据，近年来我国每年产值规模在2000万元以上的农药企业的主营业务收入、利润总额、销售利润率情况如表3-2所示。其一是我国目前农药生产大规模企业仍以化学农药为主。化学农药生产企业数量是生物农药生产企业的4~5倍，且从主营业务收入的情况来看，生物农药的市场份额占比仅为10%左右。其二是我国生物农药生产规模以上企业的发展情况总体趋好。2014~2017年我国生物农药规模以上生产企业数量明显增加，主营业务收入在逐渐提高。2017年我国实施农药新规《农药管理条例》也给生物农药企业带来一定影响，导致2018年生物农药生产企业数量和营业收入呈现小幅度下滑，但从2019年的营业收入来看，生物农药市场需求逐渐扩大，且销售利润率达到至高点10.51%。

表3-2　　　　　　　　规模以上农药企业经营状况

年份	生物农药企业				化学农药企业			
	数量（家）	主营业务收入（亿元）	利润总额（亿元）	利润率（%）	数量（家）	主营业务收入（亿元）	利润总额（亿元）	利润率（%）
2014	130	284.34	24.99	8.79	713	2724.07	200.94	7.38
2015	137	318.93	25.77	8.08	692	2788.29	199.79	7.17
2016	142	372.11	31.19	8.38	680	2936.56	214.69	7.31
2017	144	331.44	25.99	7.84	676	2748.70	233.60	8.50
2018	136	216.27	15.72	7.27	635	2107.45	211.32	10.03
2019	133	256.80	26.98	10.51	586	1790.90	163.61	9.14

数据来源：国家统计局。

---

① 数据资料参考《中国生物农药市场前景研究报告——行业供需现状与投资商机研究》。

在国际标准制定方面，我国农药企业申请和批准数量持续增加，发展势头迅猛，2018 年 FAO/WHO 会议审议的 28 个产品标准中 16 个产品来自中国，占据 50% 以上评审产品席位，表明在国际标准制定中，中国农药的影响力越来越大。[①] 有数据预测显示，未来十年我国生物农药市场份额将从现在的 10% 提升到 30%，[②] 中国将成为亚太地区生物农药市场需求增长最快的国家（邱德文，2015；李友顺等，2020）。

3.2.2 我国生物农药产品登记数量

目前我国生物农药发展势头较好，我国生物源农药的产品登记数量稳定增加。为了助推生物农药的发展，国家也出台了一系列的优惠政策，并明确要"积极发展生物农药和高效低毒环保新型农药"[③] "进一步研究登记评审技术要求和提升试验支撑能力，努力促进生物农药产业发展"[④] "加快生物农药产品登记审批，促进农药高质量发展和绿色发展"等。2019 年 11 月，农业农村部会同财政部出台政策文件促进生物农药产品登记研发；2020 年 2 月 6 日，农业农村部发布的种植业要点中要求为生物农药和高毒农药替代产品开辟绿色通道。

总的来看，我国的生物农药发展已经相对较快，产品的登记数量和结构都得到不同程度的改善。其一是生物农药新产品登记数量呈稳定增长趋势，每年以约 4% 的速度递增，生物化学农药、微生物农药、植物源农药三类生物农药中，生物化学农药产品的增长速度最快；其二是新生物农药数量增长较化学农药更快，2017 年我国新登记的农药产品中，生物农药的数量占比首次突破 50% 以上。在 2023 年，生物农药在新产品登记中占比高达 90%。

目前我国农业生产仍以化学农药防治为主的模式仍然没有改变，现阶段生物农药的实际使用量和已登记在册的产品种类数量都远落后于化学农药（陆凡，2016）。我国生物农药产品的市场份额仅在 10%～13% 水平，与发达

---

① 2020 年"第十三届中国农药高层论坛"，http://www.zgnyxh.org.cn/Home/Index。
② 2020 年"第十一届生物农药发展与应用交流大会"，http://www.haonongzi.com/news/20201023/95356.html。
③ 摘自农业农村部《2018 年种植业工作要点》。
④ 2020 年农业农村部公告第 345 号文件对农药登记试验备案的指导意见。

国家的 20%~60% 还有较大的距离，美国、加拿大和墨西哥等国家的生物农药产量和使用率都远高于我国。如何在农药减量行动的助推下研发、推广和应用生物农药，成为当前我国农业生产过程中亟待解决的重要议题（刘熙东等，2016；刘晓漫等，2018；张兴等，2019；周蒙，2021）。

3.2.3 我国水稻的生物农药使用情况

水稻是我国三大粮食作物之一，其产量与质量直接关乎我国社会稳定与民生健康。2018 年我国稻谷播种面积达 30189 千公顷，目前仍是我国最主要的口粮作物。水稻种植面积广、区域连片、病虫害易发的典型特征，使其成为我国化学农药使用量最多的农作物（徐红星等，2017）。常年大量化学农药使用不仅导致水稻病虫害抗药性增强，还对土壤、空气、水体、人体和生物造成了很大的威胁。在我国水稻绿色发展的趋势下，生物农药将成为重要的要素投入（张礼生等，2019；张舒等，2020）。因此，水稻生物农药的应用与推广成为实现我国农药使用量"负增长"目标和保障口粮质量安全的关键突破口（沙月霞，2017；徐春春等，2018；傅国海等，2021）。

水稻是病虫害暴发频率高的粮食作物，据统计数据（见表 3 - 3），2014~2020 年我国水稻种植过程中单位面积农药费用平均支出为 53.35 元/亩，远高于小麦的 21.99 元/亩、玉米的 16.87 元/亩和大豆的 16.79 元/亩。[①] 四大粮食作物中水稻单位面积的农药使用量是小麦、玉米和大豆的 2~3 倍。由此可见，水稻病虫害暴发的潜在风险较高，且农药的使用量较大。利用生物农药顺利实现水稻生产过程中的化学农药减量替代具有重要的实践意义，也将是我国达成化学农药减量"负增长"目标的重要一环。

表 3 - 3　　　　　　　我国粮食作物的农药使用成本　　　　　　单位：元/亩

年份	三种谷物平均	谷物类别			大豆
		水稻	小麦	玉米	
2014	27.56	50.19	17.48	15.02	15.90
2015	29.15	51.16	19.67	16.61	16.15

---

① 亩为中国传统市制土地面积单位，本书中一亩约为 666.667 平方米。

续表

年份	三种谷物平均	谷物类别			大豆
		水稻	小麦	玉米	
2016	29.48	51.29	20.94	16.22	16.22
2017	30.68	53.04	22.31	16.69	16.96
2018	31.37	53.60	23.39	17.12	16.92
2020	36.15	60.79	28.13	19.54	18.61

注：数据来源于《全国农产品成本收益资料汇编》，其他年份数据暂未更新。

水稻是一年生的禾本科植物，其生长阶段大致可以被划分为苗期、移栽返青期、分蘖拔节期、孕穗抽穗期和灌浆成熟期共5个阶段，不同阶段所遭受的病虫灾害存在一定的差异。苗期主要发生恶苗病、苗瘟和白叶枯病等，移栽返青期主要发生纹枯病、稻瘟病和稻蓟马等，分蘖拔节期主要发生纹枯病、节瘟病和稻纵卷叶螟等，孕穗抽穗期主要发生稻曲病、二化螟和三化螟等，灌浆成熟期则主要发生稻瘟病和稻曲病等。目前在我国进行登记的农药有效成分达到700种，登记的农药产品达到45000种，针对不同的病虫害需使用含特定成分的农药产品进行防治。

生物农药能否替代化学农药的关键在于，生物农药成分是否能有效防控现有的水稻常见病虫害。通过统计分析发现，目前我国开发的生物农药产品的有效成分种类已经达到100多种。[①] 部分研究资料表明，枯草芽孢杆菌、春雷霉素、井冈霉素、申嗪霉素、苏云金杆菌和阿维菌素在中国乃至整个亚洲的水稻种植病虫害防控过程中已经得到大范围的应用推广（高杜娟等，2019；贺雄等，2020）。表3-4列举了部分我国目前市场上常见的生物农药产品的有效成分，并收集了相应的病虫害防治功效。从主治病虫害的名称目录来看，绝大部分常见的水稻病虫害都在生物农药防治的范畴。由此可知，生物农药产品的开发潜力较大，能有效替代高毒化学农药，实现病虫害可持续防控（谢邵文等，2019；周蒙，2021）。

---

① 详细名单参见《我国生物农药登记有效成分清单（2020版）》。

表 3-4　　　　　　　　　　水稻常用生物农药品种及功效

类别	生物农药成分	主治病虫害
以菌治虫	苏云金杆菌	三化螟、稻纵卷叶螟
	球孢白僵菌	稻飞虱、稻纵卷叶螟、二化螟
以菌治病	枯草芽孢杆菌	稻瘟病
	蜡质菌芽孢杆菌	稻瘟病、稻曲病和纹枯病
农用抗生素	阿维菌素、甲维盐	二化螟、稻纵卷叶螟等螟虫
	井冈霉素、申嗪霉素	纹枯病
	春雷霉素、多抗霉素	稻瘟病
	中生菌素	水稻条斑病、白叶枯病等细菌性病害
植物源农药	苦参碱	稻飞虱、二化螟
	乙蒜素	恶苗病、水稻干尖线虫病
	印楝素	稻纵卷叶螟、稻飞虱

注：本表仅列举部分生物农药，详细名单参见中国农药信息网（www.chinapesticide.org.cn/）。

3.3　稻农的生物农药使用情况：基于湖北省微观调研数据

本书试图从微观的生物农药应用者（水稻种植户，简称稻农）的真实情境出发，进一步了解我国生物农药的推广应用基本情况。本节主要通过对水稻种植户生产过程中的病虫害防治行为，全面了解稻农的施药行为及其生物农药采纳的认知、意愿与行为特征。

3.3.1　研究区域概况

本书选取湖北省作为主要研究区域，湖北省位于我国长江中游地区，经纬度为 108°21′E ~ 116°07′E，29°01′N ~ 33°6′N。省域内东、西、北三面环山，中间低平，呈现南面敞开的不完整盆地。湖北省中南部的江汉平原是中国三大平原之一，是长江中下游重要的组成部分。作为我国主要的粮食生产基地之一，湖北省素来具有"湖广熟，天下足"的美誉。湖北省是典型的农业大省，2019年总人口5927万人，其中农村常住人口2311.53万人，粮食作物总播种面积4608.60千公顷，粮食总产量2724.98万吨。湖北省2019年的稻谷播种面积达2286.75千公顷，产量达1877.06万吨，列全国第4位，是重要的商品稻谷产地。

湖北省是生态大省、千湖之省，也是南水北调中线工程水源区和三峡坝区所在地，生态文明建设任务艰巨。湖北省正处于产业结构调整的关键时期，资源约束、环境污染问题日益凸显，改变传统粗放发展模式，实现经济与资源、生态、环境之间的和谐与可持续发展，成为迫在眉睫的重要任务。早在《湖北环境保护"十三五"规划》中就强调以环境质量为核心是"十三五"环境保护工作主线，守住"环境质量只能更好，不能变坏"的底线，并指出"全面推进绿色发展，必须大力实施'生态立省'战略""努力在绿色发展上走在全国前列"。《长江经济带发展规划纲要》也强调要坚持生态优先、绿色发展，着力建设沿江绿色生态廊道。

湖北省的农业农药使用总量相对偏高。从农药使用的总量上来看，2019年湖北省农药使用量达到9.7万吨，占全国农药总用量的6.67%，在全国31个省份中排名第4位。从单位面积农药使用量上来看，2019年我国粮食种植面积116064千公顷，化学农药使用量145.6万吨，单位面积的化学农药使用量为12.54千克/公顷。2019年湖北省粮食种植面积4608.60千公顷，化学农药使用量9.70万吨，单位面积的化学农药使用量为21.05千克/公顷。湖北省单位面积的化学农药投入量是全国平均水平的1.68倍。由此也可以体现出湖北省开展农药减量增效行动的重要性和迫切性。

2018年11月出台的《农业农村部关于支持长江经济带农业农村绿色发展的实施意见》中强调，要大力支持长江经济带省（市）实施农药使用量负增长行动，建设一批病虫害绿色防控的示范基地等，引导农民安全科学用药。湖北省是长江流域的重要组成部分、全国主要的粮食生产区域之一，对其进行农药减量行动研究将为整个华中地区提供一定的实践参考价值。2020年湖北省农业农村厅印发《2020年主要粮食作物农药减量控害增效主推技术实施方案》[①]，将"主要粮食作物农药减量控害增效技术"继续纳入农业

---

① 湖北省农业农村厅关于印发《2020年主要粮食作物农药减量控害增效主推技术实施方案》的通知，详细内容参考：http://nyt.hubei.gov.cn/bmdt/yw/zbzh/202004/t20200429_2251651.shtml。

技术推广服务体系。湖北省树立"绿色植保"理念,将"水稻绿色防控技术"中的"生物防控措施"作为重要技术推广应用途径,继而成为本书开展稻农生物农药推广应用等相关研究的重要区域。

3.3.2 数据来源与样本特征

1. 数据来源

课题组于2019年和2020年分别赴湖北省展开问卷入户调查工作。考虑到生物农药的应用推广和水稻生产区域的综合性特点,课题组参考农业农村部公布的农作物病虫害绿色防控示范县创建推评名单,从湖北省主要水稻种植区域中随机抽取襄阳市南漳县,黄冈市武穴市、蕲春县和英山县,荆门市钟祥市,宜昌市夷陵区共6个试点县(区),并在江汉平原随机选取荆州市监利市、潜江市、荆门市沙洋县和襄阳市襄州区4个非试点县(市、区)作为对照样本区域。最终按照"每县(市、区)选取2个乡镇,每个乡镇选取4个村庄"的方式,随机分层抽样的原则进行抽样,最终完成10县(市、区)80个村庄共1148份稻农的有效调查问卷。此外,对部分乡镇农业技术推广服务中心的主任或病虫害防治管理人员进行深度访谈,并通过现场记录与录音整理的方式获取最终的访谈文本,同时收集样本稻农区域50个农药售卖店的半结构化问卷。

调研小组的成员主要是在读博士研究生和硕士研究生,他们不仅具有成熟的问卷调查与访谈经验,而且全员参与问卷设计、讨论、修订、定稿和培训等环节工作,对于问卷题项的理解和数据收集做到准确和统一。在农户层面上,调查问卷均采取入户一对一访谈的形式完成,以家庭户主或主要农业生产决策成员作为访问对象,并由调查员统一提问和填制问卷,为了确保数据的准确性,对访谈全程录音并留存部分现场照片,以备数据核查。问卷中设计的主要内容围绕农户的病虫害防治、农业生产成本收益等展开详细的数据收集工作。在农技站与农资店层面上,本书通过访谈与问卷结合的形式收集了问卷数据和访谈录音材料,并收集乡镇、县和市级层面的农药减量方案、目标、总结等纸质材料,以及乡镇农业技术推广站的农技传单、病虫害防治通告、病虫害防控技术培训备案表等材料。此外,还收集农药售卖店的相关信息和生物农药产品名单、功能与价格等。

2. 样本特征与描述性统计

对样本稻农个人特征、家庭特征和生产经营特征等进行统计（见表3-5）发现：一是样本农户的年龄从29~75岁不等，其中大多数分布在50~60岁，占比44.78%，呈现出一定程度的中老年趋势；二是户主的受教育程度普遍偏低，43.55%的受访样本仅受小学及以下程度的教育，接受过高等教育的样本农户非常少；三是农户家庭收入大多处于中等收入水平，15.22%的农户年家庭收入低于3万元，分别有41.00%和33.56%的农户家庭收入在3万~8万元和8万~30万元范围内；四是农户的兼业情况较为普遍，农业收入占家庭总收入比重超过80%的农户占26.89%，36.11%的农户农业收入

表3-5　　　　　　　样本稻农的基本特征统计结果

特征	类别	样本占比（%）	特征	类别	样本占比（%）
户主年龄	40岁以下	15.67	家庭农业劳动力数量	1人	25.44
	40~50岁（不含）	22.89		2人	68.33
	50~60岁（不含）	44.78		3人及以上	6.23
	60岁及以上	16.66	水稻种植规模	5亩以下	32.78
户主受教育程度	小学及以下	43.55		5~10亩（不含）	28.33
	初中	28.56		10~15亩（不含）	24.78
	高中	19.11		15亩及以上	14.11
	大专及以上	8.78	食品安全重要性认知	非常不重要	3.22
家庭收入水平	3万元以下	15.22		较不重要	7.33
	3万~8万元	41.00		一般	19.67
	8万~30万元	33.56		较重要	37.00
	30万元及以上	10.22		非常重要	32.78
农业收入占家庭总收入比重	(0, 0.2]	5.44	环境保护重要性认知	非常不重要	1.67
	(0.2, 0.4]	16.89		较不重要	8.78
	(0.4, 0.6]	36.11		一般	26.77
	(0.6, 0.8]	14.67		较重要	27.56
	(0.8, 1.0]	26.89		非常重要	35.22

占比在 40%~60%，说明"农忙务农，农闲务工"的现象在样本中普遍存在；五是样本农户家庭农业劳动力数量大多为 2 人，占比为 68.33%，且 25.44% 的家庭仅有 1 个农业劳动力，仅 6.23% 的家庭有 3 个及以上农业劳动力，这也是我国农业"家庭经营式"生产和"夫妻式"生产的主要体现；六是样本农户的整体规模偏小 85.89% 的稻农种植规模在 15 亩（约 1 公顷）以下，这与华中地区部分村落的丘陵地貌、人口密度大和人均耕地规模小等因素存在密切关联；七是农户对食品安全重要性认知程度较高，69.78% 的农户意识到农产品质量安全的重要性，仅 10.55% 的农户认为农产品质量安全不重要；八是样本农户对环境保护重要性的认知程度较高，62.78% 的农户认为农村环境保护重要，大多农户均认同"化肥农药用多不好""要爱护农村环境"等观点，仅 10.45% 的农户尚未认识到环境保护的重要性和迫切性。

此外，为了论证研究数据的代表性。本书将样本稻农的基本统计信息与相应指标的宏观统计数据进行了比较。其一，从 2020 年《湖北统计年鉴》数据可以看出，2018 年湖北省耕地面积 5235.40 千公顷，户均经营耕地面积为 7.30 亩，湖北省的农民家庭户均常住人口 3.08 人，户均劳动力 2.10 人，人均总收入（可支配收入）为 20158.66 元。从表 3-5 的数据分布特征来看，样本稻农的家庭收入水平、家庭农业劳动力数量和水稻种植规模特征基本与宏观统计指标一致。其二，第三次全国农业普查数据[①]显示，我国中部地区农业生产者年龄在 35 岁以下的样本占比 18.00%，大部分农户年龄在 36 岁以上，受教育水平在小学及以下的样本占比 38.40%，样本稻农的年龄与受教育水平特征与第三次农业普查数据也大致吻合。综上可知，本书搜集的样本数据具有足够的代表性。

3.3.3 稻农的生物农药使用认知、意愿与行为

1. 稻农的生物农药认知分析

本书重点统计分析了水稻种植户对生物农药使用的经济、生态与社会价值感知，生物农药使用的技术风险与市场风险感知等情况。问卷中采用

---

① 数据来源：国家统计局，http://www.stats.gov.cn/tjsj/pcsj/。

"我认为使用生物农药能增加农业收入"题项测度稻农生物农药使用的经济价值感知，采用"我认为使用生物农药能保护生态环境"题项测度稻农生物农药使用的生态价值感知，采用"我认为使用生物农药能实现农业可持续稳定发展"题项测度稻农生物农药使用的社会价值感知，采用"我认为使用生物农药并不能有效防治水稻病虫害"题项测度稻农生物农药使用的技术风险感知，采用"我认为使用生物农药并不能提升农产品销售价格"题项测度稻农生物农药使用的市场风险感知，并采用李克特量表形式收集农户的观点。最终问卷数据统计结果如图3-3所示。

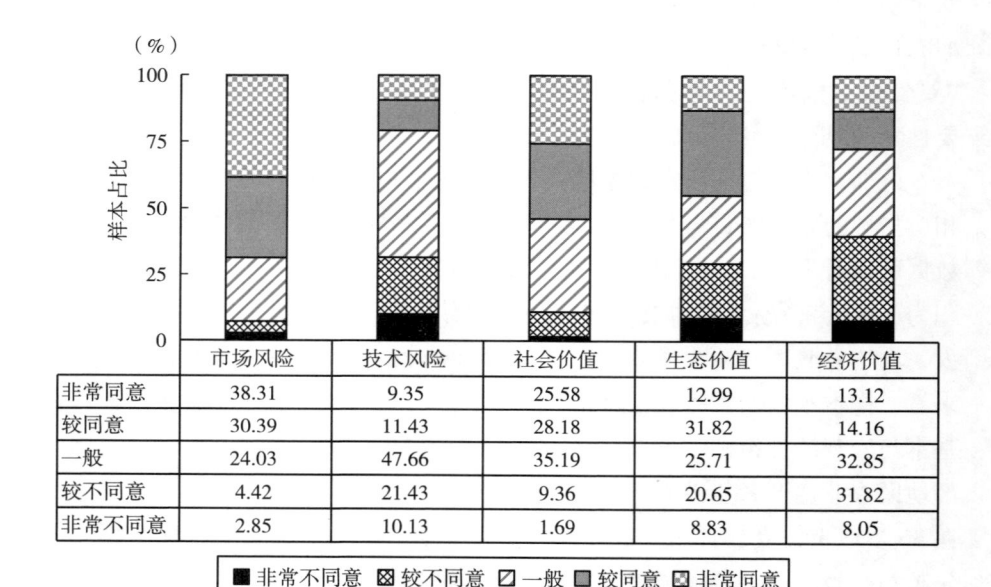

	市场风险	技术风险	社会价值	生态价值	经济价值
非常同意	38.31	9.35	25.58	12.99	13.12
较同意	30.39	11.43	28.18	31.82	14.16
一般	24.03	47.66	35.19	25.71	32.85
较不同意	4.42	21.43	9.36	20.65	31.82
非常不同意	2.85	10.13	1.69	8.83	8.05

图3-3 样本稻农生物农药使用认知

其一，大部分稻农对生物农药使用的生态与社会价值感知较高，对生物农药使用的经济价值感知较低。样本中"较同意"和"非常同意"生物农药使用具有经济价值、生态价值和社会价值的样本占比之和依次为27.28%、44.81%和53.76%，即生物农药替代化学农药使用后，会保护生态环境和实现农业可持续稳定发展的观点目前已经被大部分农户所接受。至于生物农药是否能帮助稻农实现增收的经济价值目标，依然被稻农所质疑，"生物农药价格更高"和"粮食跟别人一样都是卖给小贩子"等观点普遍存在。生物农药产品制作原料和工艺相对化学农药更加复杂,市场采购成本就更高,生物农药使用带来的经济效应目前尚不明显。

其二,稻农使用生物农药感知到的技术风险程度不高,感知到的市场风险较高。统计结果显示生物农药使用的病虫害防治效果大多认为"一般",占到样本的47.66%,即相对化学农药而言,生物农药的杀虫药效目前表现并不差,常见的水稻病虫害基本能够被生物农药有效控制。当然,也有部分稻农表示"在虫害发生比较多和虫害出现时间比较紧急的时候,可能会考虑使用高毒性的化学农药",以降低稻谷的减产风险。此外,稻农使用生物农药感知到的市场风险较高。当水稻种植户采用更高的成本采购和使用生物农药时,如无法获取更高的农产品收入,则农户将面临减少农业收入的风险,即使用生物农药生产出的绿色高质量稻谷应当售卖出更高的市场价格。遗憾的是,目前86.25%的样本稻农都是通过普通商户出售稻谷,"绿色稻""生态稻""有机大米"等成为农户口中的特例,"靠自己很难做到"。可见,目前样本地区绿色农产品无法顺利实现优质优价,农户使用生物农药面临较大的市场风险。

2. 稻农的生物农药使用意愿分析

为了更清楚地掌握样本稻农的生物农药使用意向,本书进一步统计分析了样本稻农化学农药减量意愿和生物农药使用意愿(见图3-4)。

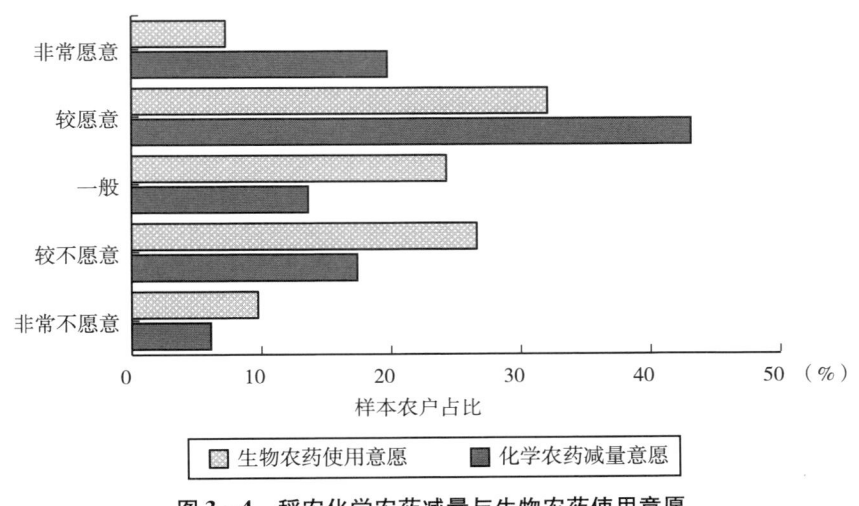

图3-4 稻农化学农药减量与生物农药使用意愿

一是稻农的化学农药减量意愿较强。数据统计结果显示，43.12%和19.74%的样本农户表示"较愿意"和"非常愿意"减少化学农药的使用。且从农户往年施药的剂量和次数的统计情况来看，45.72%的样本稻农表示当下的农药单次使用剂量明显减少，39.72%的样本稻农表示农药的使用次数显著减少。稻农认为农药减量主要来自以下两个原因：其一是质量安全农产品的消费需求。实地调研中"农药用多了不好""打农药的稻子吃多了容易得病""少用些农药对老人和小孩好"等观点普遍存在，对于农药残留危害的认知非常深刻。其二是农药使用量的多少很大程度上取决于当年的病虫害发生严重程度。样本稻农中67.83%认为该年份的农作物病虫害并不严重，在此情形下稻农也认为"好像也没啥害虫""有虫就打点农药，没虫就不打""近几年病虫害还好"等。由上可知，在食品安全观念提升和病虫害有效防控的情形下，稻农普遍具有化学农药减量的意愿。

二是稻农的生物农药使用意愿有待提升。数据统计结果表明，仅32.08%和7.27%的样本稻农表示"较愿意"和"非常愿意"使用生物农药，仍有60.65%的样本稻农尚没有明确的生物农药使用意愿。在病虫害没有大暴发的正常年份，虽然生物农药的药效能发挥一定的作用，但生物农药"价格贵"。农户往往会在生物农药选用过程中有所顾虑和担忧，例如"没用过的话要看看别人使用效果怎么样""生物农药好些但很贵""化学农药也有低毒的""稻谷脱壳后农药残留不多"等，可见生物农药相对化学农药产品优越性的体现还有待加强。当然，绝大部分稻农对高毒化学农药的使用都是坚决反对的，在经济允许的条件下，"低毒农药"和"高效农药"成为稻农防治水稻病虫害的首选。

3. 稻农的生物农药使用行为分析

进一步统计分析了稻农在真实情境下的病虫害防治方式，对稻农当下的化学农药减量行为和生物农药使用行为进行重点剖析。

一是稻农化学农药减量技术的采纳偏好依次为生物农药、轮换使用农药品种、遵守安全间隔期、无人机打药、杀虫灯、天敌释放。课题组通过从"控、替、精、统"4类农药减量技术模式中选取常见的以上6种水稻减量技术，并采用李克特5分量表，让稻农对每一项农药减量技术的采纳需求程度进行评分，最终通过加权平均得到每种化学农药减量技术的需求综合得分，进而判定农户的农药减量技术采纳需求优先序。数据统计的结果①显示，稻农更加偏好于使用生物农药、轮换使用农药品种或遵守安全间隔期三种方式。无人机打药、杀虫灯和天敌释放在水稻种植的过程中则不易被稻农所采纳，主要原因是此类技术不适用于小规模的散户，初次使用的投入产出比较低而导致规模不经济。

二是稻农病虫害防治的农药品种选择大多呈现"混用"的状态，生物农药的使用率达到54.57%。为了探究稻农的农药品种选择，本书对总样本稻农生产过程中的施药品种按照"仅使用化学农药""仅使用生物农药""既使用生物农药又使用化学农药"这三种情形进行分类统计，结果如图3-5所示。样本稻农最多的是同时使用生物农药和化学农药，占到样本量的46.71%，其次是仅使用化学农药，占样本量的32.00%，再次是其他方式占比13.43%（包含不使用农药、物理防控等方式），最后是仅使用生物农药，样本占比7.86%。可见，虽然纯化学农药使用者样本占比依然较大，但农药"混用"的现象普遍存在。农药"混用"的原因也是多方面的，例如，降低化学农药的抗药性、增加农药杀虫药效和提升产品丰富度等。针对水稻不同的生长环节，生物农药与化学农药可能会发挥差异化的优势，进而实现优劣互补，加之市场上生物农药产品体系尚不完善，对部分病虫害的防控可能依然要依赖化学农药的使用。但总的来看，农药"混用"至少实现生物农药对化学农药的部分替代，总样本稻农生物农药使用比率达到54.57%。

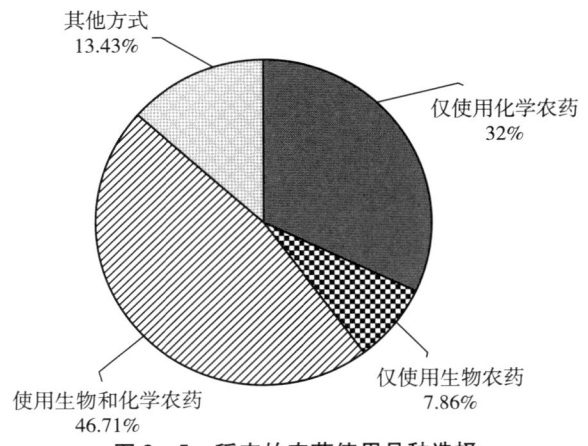

图3-5 稻农的农药使用品种选择

---

① 该数据表格暂时未列出，有需要可向作者索要。

三是稻农生物农药使用覆盖率较高，但生物农药使用比重有待提升。对总样本中54.57%使用生物农药的稻农样本进行再统计，由"您所使用的农药中生物农药用量所占比重"和"您家有多大比例面积的水稻使用了生物农药"两个题项的统计结果来看（见图3-6），其一是稻农生物农药使用覆盖率较高，在自家稻田大面积使用生物农药（使用面积占比为75%~100%）的样本达到71.76%；其二是稻农生物农药使用比重偏低，60%的稻农使用的农药中生物农药占比未超过50%，即在农药品种"混用"的过程中，依然是以化学农药为主。简单来讲，稻农在病虫害防治的过程中，可能更倾向于购买化学农药，辅之以生物农药，最后在自家稻田里"混合"使用。由此可见，稻农生物农药使用率和覆盖率虽然得到一定程度的提升，但生物农药的使用还有待加强。由于产品研发、市场推广和使用效果等多方面的原因，目前生物农药显然无法实现对化学农药的完全替代，那么未来我国可能要进一步思考生物农药与化学农药合理配比和产品替代优先序的问题，进而科学有序地推进生物农药推广应用工作。

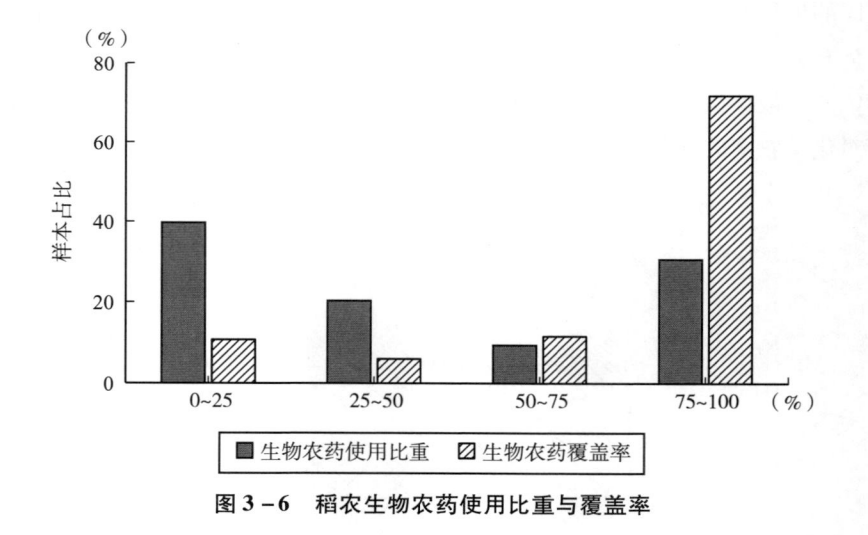

图3-6 稻农生物农药使用比重与覆盖率

3.3.4 样本稻农的生物农药技术推广现状

为了更清晰地把握样本稻农的基本特征，我们对722户接受生物农药技术推广服务样本稻农的情况作了详细的调查与统计分析（见图3-7）。从提供生物农药技术推广服务对象来看,稻农接受生物农药技术推广的主要对象是农资店,占样本的57.51%,即半数以上的稻农是通过生物农药产品的购买和交易过程中,农资店店主向农户阐述和讲解来获得相关的技术信息。其次是来自农技站和亲朋好友的病虫害防治技术推广服务,依次占样本的23.94%和10.09%,可见仍有部分农户是依据农技员的指示或参照亲朋好友的施药方式来使用生物农药,仅少部分(8.46%)农户参照新型农业经营主体等其他方式来获得生物农药技术推广信息。

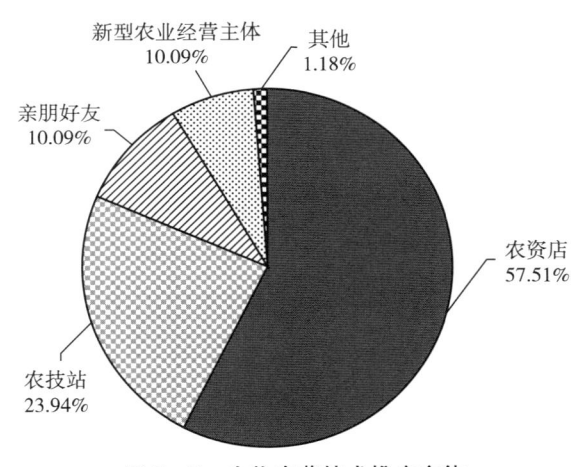

图3-7 生物农药技术推广主体

从提供生物农药技术推广服务的方式来看,稻农接受的生物农药技术推广方式中农资推介、技术宣传、技术示范、技术培训和技术补贴依次占比为90.77%、80.99%、62.91%、43.66%和9.86%。可见,稻农主要是通过农药产品推介的方式获得生物农药技术推广信息服务,即目前生物农药技术极大概率是通过具体农药产品的形态来推广和普及应用的。其次是生物农药技术的相关宣传活动,例如农技员和农资店的海报、横幅和宣传册等。生物农药技术示范则大多依托各地区以绿色防控为主的示范点建设开展的技术推广活动。生物农药技术培训则主要是农技站定期开展的病虫害防治、农药减量等技术推广活动。调研实地发现,生物农药技术补贴目前较少被农户所知,大部分稻农在采购生物农药时都认为"价格贵",且"没有补贴",这可能跟我国生物农药产业补贴政策有关,补贴对象主要是企业而非普通农户。

3.4 本章小结

本章从宏观层面把握我国化学农药减量与生物农药发展的现实状况，从微观层面上通过农户水稻生产过程中的病虫害防治行为，全面了解稻农的生物农药采纳认知、意愿与行为特征。研究主要得出以下结论。

（1）为了有效防治病虫害，降低农业自然灾害和保障粮食安全，我国常年大量使用农业化学农药，使得我国农药生产和消费量排在世界各国前列。在党的十八大上，我国制定"绿色化"发展战略，并积极开展实施农药使用量"零增长"甚至"负增长"行动方案。然而农药使用量增长速度虽然得到控制，农药使用总量基数却依然高出发达国家3~4倍，农药减量负增长势在必行。生物农药推广应用作为化学农药减量增效的"控、替、精、统"4大技术路径的核心手段，将成为我国替代高毒化学农药最具潜力的方式。

（2）生物农药产业在全球范围内呈现积极向好的趋势，我国生物农药产业发展也迎来重要机遇。目前国内生物农药生产规模以上企业的发展总体趋好，但其企业数量仍不及化学农药企业的1/4，且生物农药的市场份额仅为10%左右，生物农药无论是品种数量还是使用量都远远低于化学农药。水稻作为我国病虫害暴发频率较高的三大主粮作物之一，其生物农药的应用与推广是实现我国农药使用量"负增长"目标和保障口粮质量安全的关键突破口。目前我国开发生物农药产品的有效成分有100多种，绝大部分常见的水稻病虫害都在生物农药产品可防治的范畴，水稻生物农药产品的应用潜力较大。

（3）通过对湖北省水稻种植户调研发现，一是稻农对生物农药使用的生态价值与社会价值感知较高，对经济价值感知较低，且稻农使用生物农药感知到的市场风险较高；二是稻农的化学农药减量意愿较强，但生物农药使用意愿有待提升，60.65%的样本稻农尚没有明确的生物农药使用意愿；三是稻农病虫害防治的农药品种选择大多呈现"混用"的状态，生物农药的使用率达到54.57%，虽然稻农生物农药面积覆盖率较高，但生物农药使用比例有待提升。目前稻农接受生物农药技术推广的主要对象是农资店，稻农主要通过农药产品推介的方式获得生物农药技术推广信息服务。

第 4 章

技术推广主体的生物农药推广行为及动态博弈分析

农业技术推广是实现生物农药快速普及应用的关键。然而，现有大多数研究都假定政府农技推广组织（以下简称政府组织）和市场农技推广组织（以下简称市场组织）会主动推广生物农药，继而忽视技术供给端的生物农药推广行为研究。政府组织是多目标政策服务下的公益型组织，市场组织则是谋求市场利润最大化的营利型组织，两者是否愿意主动推广生物农药本身就存在不确定性。更重要的是，现有研究忽视了多主体间的决策互动关系，仅论证了政府和市场组织对农户生物农药使用行为的单向影响，忽视了政府和市场组织两者间，以及农户是否使用生物农药本身对政府和市场组织的反向影响。

本章聚焦于生物农药技术的主要推广供给者，论证两个问题：一是政府组织、市场组织和稻农三主体间决策如何相互影响？二是如何激励政府组织和市场组织向稻农推广生物农药？从研究内容上来看，目前探讨生物农药技术推广行为的文献研究非常少，能将生物农药推广与使用主体置于同一研究框架的文献更是不多见。然而，生物农药技术的有效供给也是制约我国生物农药推广效率的重要方面，对多主体参与的生物农药推广使用决策系统研究也更加符合现实情境。科学合理地回答以上两个问题，对于我国制定和出台相应的生物农药推广政策，系统快速地推进农药减量，实现农业绿色高质量发展具有重要的现实和理论意义。

本章的内容主要包含三个部分：一是构建政府组织、市场组织和稻农参与的三主体动态演化博弈模型，从理论上推导出各主体的生物农药推广或使用决策的最终均衡演化结果；二是利用 Matlab 软件，通过对系统参数赋值的方式进行三主体系统决策的博弈演化仿真，验证上述理论推导结果的同时，观测系统参数变化对不同主体决策动态演化速率的影响；三是基于农技站和农资店的访谈文本数据，利用定性的文本分析法，分别探讨政府主体（农技站）与市场主体（农资店）两类技术推广主体推广生物农药的行为动机及其影响因素，最终构建政府、市场和稻农三主体决策子系统相互影响模型。

4.1 政府组织、市场组织与稻农的决策博弈模型

生物农药推广应用过程中将主要涉及政府农技推广组织、市场农技推广组织和稻农。① 假定三主体都是"理性人"，都基于利润或效用最大化为决策目标。对于政府公益型的农技站等组织而言，中央（省）政府会制定相应的生物农药推广绩效考核任务（为持续推进我国农药减量增效战略目标），并会配套相应的推广资金，这将是政府组织推广生物农药的主要动力来源。但同时政府组织也要履行一定的生物农药推广职责，包括开展宣传、示范和补贴等推广活动，这也将耗费政府组织大量的资金成本。对于市场盈利型的农资店等组织而言，其主要以市场利润最大化为决策目标，当且仅当推广生物农药的比较收益更高时（相对于化学农药），才会积极主动作出推广生物农药的决策。考虑到生物农药使用存在显著的正外部性问题，生物农药可以满足农户的食品安全效用和环境效用，我们将稻农设定为效用最大化目标下的决策者。总体来看，政府组织、市场组织和稻农三主体间生物农药推广使用决策的利益联结逻辑如图 4-1 所示。

---

① 这里只涉及生物农药技术的推广与采纳行为决策问题，因此并没有将生物农药的研发环节主体纳入系统，例如制药企业与科研院所等其他主体。

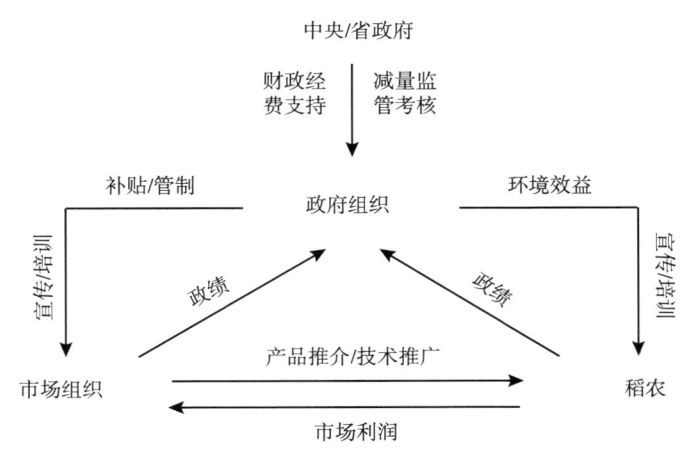

第4章 技术推广主体的生物农药推广行为及动态博弈分析

图 4-1 政府组织、市场组织和稻农决策的利益联结

4.1.1 模型假设

参照汪明月和李颖明（2021）的研究，本书将采用三主体参与的演化博弈理论来分析政府和市场农技推广组织的生物农药推广决策与稻农的生物农药使用决策的策略组合问题。根据所研究问题的现实情境和演化博弈理论的基本要求，提出以下假设。

假设 H4-1：博弈主体的有限理性。政府农技推广组织、市场农技推广组织和稻农的学习能力、信息掌握程度和预测能力均是有限的。各主体无法在短期内预判其他主体的决策，继而无法准确核算自身的成本收益。因此，只能在长时间的试错、调整和优化过程中最终达到某个稳定的均衡决策。假定政府组织推广生物农药的概率为 $x(0 \leqslant x \leqslant 1)$，则不推广生物农药的概率为 $1-x$；市场组织推广生物农药的概率为 $y(0 \leqslant y \leqslant 1)$，则不推广生物农药的概率为 $1-y$；稻农使用生物农药的概率为 $z(0 \leqslant z \leqslant 1)$，则不使用生物农药的概率为 $1-z$。

假设 H4-2：政府农技推广组织是国家政府的代理者，其决策具有典型的政策目标导向和公益性特征。政府农技推广组织开展生物农药推广活动包括宣传、示范、培训和补贴等。当市场组织推广生物农药时，政府对生物农药的登记、试验和储运等环节给予一定的补贴 b_1。政府农技推广组织推广生物农药可以从中央（省）政府获得财政支持 f，且政府组织推广单位生物农药的非补贴成本（用于开展宣传、培训和示范等政府农技推广服务）为 b_2。当然，生物农药大面积推广使用后能有效减少环境污染，使得区域内的人均环境效用增加 e，且政府组织的政绩将提升 a。若政府农技推广组织不推广生物农药，则无法获得政府财政支持，且因化学农药减量目标无法实现而要承担一定的成本 v。即若政府组织选择推广生物农药，则必然满足条件 $f + a > (b_1 + b_2) q$。

假设 H4-3：市场农技推广组织是营利性机构，通过售卖生物农药的过程即可实现技术推广。例如，介绍生物农药产品种类、功能、用法和技艺等。假定市场组织是唯一的生物农药售卖主体（区别于政府组织的非营利性），市场农技推广组织每增加单位生物农药推广，需要承担额外的推广成本 $c(c > 0)$。市场农药需求总量为 q，生物农药与化学农药对应的市场价格分别为 p_1 和 $p_2(p_1 > p_2)$。当市场组织选择推广生物农药时，必然满足 $p_1 + b_1 > c$。

假设 H4-4：稻农使用单位传统化学农药或生物农药都能获得基础效用 u，且单位生物农药的使用还能增加稻农的额外效用 $w(w > 0)$，该效用主要包括食品安全效用、绿色农产品溢价等。由现实情境可知，一定存在 $u > p_2$，且考虑到生物农药使用的正外部性，可能存在 $p_1 > u$ 的情况。农户若选择使用生物农药，则存在 $u + w > p_1$。

4.1.2 模型构建

根据上述假设可以得到不同情境下政府农技推广组织、市场农技推广组织和稻农的收益支付矩阵，如表 4-1 和表 4-2 所示。

表 4-1　　稻农选择使用生物农药时（z）各主体的收益矩阵

	政府组织推广生物农药（x)		
	市场组织收益	政府组织收益	稻农收益
市场组织推广生物农药（y）	$(p_1 - c + b_1) q$	$f + a - (b_1 + b_2)q$	$(u - p_1 + w)q + e$
市场组织不推广生物农药（$1 - y$）	0	$f + a - b_2 q$	0

第4章 技术推广主体的生物农药推广行为及动态博弈分析

续表

	政府组织不推广生物农药 （1-x）		
	市场组织收益	政府组织收益	稻农收益
市场组织推广生物农药（y）	$(p_1-c)q$	a	$(u-p_1+w)q+e$
市场组织不推广生物农药（1-y）	0	$-\nu$	0

表4-2 稻农选择不使用生物农药时（1-z）各主体的收益矩阵

	政府组织推广生物农药（x）		
	市场组织收益	政府组织收益	稻农收益
市场组织推广生物农药（y）	$(b_1-c)q$	$f-(b_1+b_2)q$	0
市场组织不推广生物农药（1-y）	p_2q	$f-b_2q$	$(u-p_2)q$

	政府组织不推广生物农药（1-x）		
	市场组织收益	政府组织收益	稻农收益
市场组织推广生物农药（y）	$-cq$	$-\nu$	0
市场组织不推广生物农药（1-y）	p_2q	$-\nu$	$(u-p_2)q$

根据演化博弈论中各主体决策的动态复制演进机理可知，系统中各主体会在长时间内不断摸索试错以达到最终的稳定均衡决策。动态复制方程可以描述系统主体决策随时间的变化率。当时间趋于无穷大时，可由表4-1和表4-2的收益博弈矩阵求得政府组织、市场组织和稻农在不同情境下的期望收益和平均期望收益。

政府组织推广生物农药决策的期望收益 E_g^x 和不推广生物农药决策的期望收益 E_g^{1-x} 及其平均期望 $\overline{E}_g$ 可表示为：

$$\begin{cases} E_g^x = y[z(f+a-b_1q-b_2q)+(1-z)(f-b_1q-b_2q)] \\ \quad +(1-y)[z(f+a-b_2q)+(1-z)(f-b_2q)] \\ E_g^{1-x} = y[z \times a + (1-z) \times (-\nu)] + (1-y)[z \times (-\nu) \\ \quad +(1-z)\times(-\nu)] \\ \overline{E}_g = xE_g^x + (1-x)E_g^{1-x} \end{cases} \quad (4-1)$$

根据式（4-1）可以得到政府组织推广生物农药决策的复制动态方程：①

$$F(x) = \frac{dx}{dt} = x(E_g^x - \overline{E}_g) = x(1-x)[f + v + za - b_2q - y(b_1q + za + zv)] \quad (4-2)$$

式（4-2）中，$F(x)$ 为政府组织推广生物农药的决策随时间的变化率，若 $F(x) > 0$ 表明政府组织更倾向于推广生物农药。反之，$F(x) < 0$ 则表明政府组织更倾向于不推广生物农药。据此，可以得到市场组织推广生物农药决策的期望收益 E_m^y 和不推广生物农药决策的期望收益 E_m^{1-y} 及其平均期望 $\overline{E}_m$ 为：

$$\begin{cases} E_m^y = z[xq(p_1 - c + b_1) + (1-x)q(p_1 - c)] + (1-z)[xq(b_1 - c) \\ \qquad + (1-x)(-cq)] \\ E_m^{1-y} = z[x \times 0 + (1-x) \times 0] + (1-z)[xp_2q + (1-x)p_2q] \\ \overline{E}_m = yE_m^y + (1-y)E_m^{1-y} \end{cases} \quad (4-3)$$

根据式（4-3）可以得到市场组织推广生物农药决策的复制动态方程：

$$F(y) = \frac{dy}{dt} = y(E_m^y - \overline{E}_m) = y(1-y)[zq(p_1 + p_2) + xqb_1 - cq - p_2q]$$

$$(4-4)$$

同理可得到稻农使用生物农药决策的期望收益 E_r^z 和不使用生物农药决策的期望收益 E_r^{1-z} 及其平均期望 $\overline{E}_r$ 为：

$$\begin{cases} E_r^z = x[y(uq - p_1q + wq + e) + (1-y) \times 0] \\ \qquad + (1-x)[y(uq - p_1q + wq + e) + (1-y) \times 0] \\ E_r^{1-z} = x[y \times 0 + (1-y)(uq - p_2q)] + (1-x)[y \times 0 \\ \qquad + (1-y)(uq - p_2q)] \\ \overline{E}_r = zE_r^z + (1-z)E_r^{1-z} \end{cases} \quad (4-5)$$

根据式（4-5）可以得到稻农使用生物农药决策的复制动态方程：

$$F(z) = \frac{dz}{dt} = z(E_r^z - \overline{E}_r) = z(1-z)[y(2uq + wq + e - p_1q - p_2q) + p_2q - uq]$$

$$(4-6)$$

---

① 具体公式化解过程不在此详细罗列。

4.1.3　政府组织、市场组织与稻农的演化稳定策略

为获得政府组织、市场组织与稻农三主体在长期推广或使用生物农药时均衡策略的演化路径,本书将采用动态微分方程来求解博弈系统的均衡稳定策略,也即求解政府组织、市场组织推广生物农药和稻农使用生物农药的演化稳定策略(evolutionary stable strategy,ESS),此时 ESS 需满足 $\dfrac{dF(x)}{dx}<0$、$\dfrac{dF(y)}{dy}<0$ 和 $\dfrac{dF(z)}{dz}<0$ 的必要条件。接下来将分情况讨论各主体决策均衡点的稳定性。

1. 政府组织推广生物农药的演化稳定策略

通过对政府组织推广生物农药决策的复制动态方程求 x 的偏导可得:

$$\begin{aligned}\dfrac{dF(x)}{dx} &= (1-2x)[f+\nu+za-b_2q-y(b_1q+za+zv)] \\ &= (1-2x)[f+\nu-b_2q-yb_1q-z(ya+yv-a)]\end{aligned} \quad (4-7)$$

为了便于讨论政府组织的稳定演化决策,不妨另 $\lambda_1 = \dfrac{f+\nu+za-b_2q}{b_1q+za+zv}$。可推断出,当 $y>\lambda_1$ 时,$\dfrac{dF(x)}{dx}|x=0<0$ 恒成立,政府组织的演化稳定策略为 $x^*=0$,即政府组织将选择不推广生物农药;当 $y<\lambda_1$ 时,$\dfrac{dF(x)}{dx}|x=1<0$ 恒成立,政府组织的演化稳定策略为 $x^*=1$,即政府组织将选择推广生物农药;当 $y=\lambda_1$ 时,$\dfrac{dF(x)}{dx}=0$,此时政府组织决策处于不稳定状态。同理,另 $\lambda_2 = \dfrac{f+\nu-b_2q-yb_1q}{ya+yv-a}$,可推断出,当 $z>\lambda_2$ 时,$\dfrac{dF(x)}{dx}|x=0<0$ 恒成立,政府组织的演化稳定策略为 $x^*=0$,即政府组织将选择不推广生物农药;当 $z<\lambda_2$ 时,$\dfrac{dF(x)}{dx}|x=1<0$ 恒成立,政府组织的演化稳定策略为 $x^*=1$,即政府组织将选择推广生物农药;当 $z=\lambda_2$ 时,$\dfrac{dF(x)}{dx}=0$,此时政府组织决策处于不稳定状态。由此分析可得出推论 4-1。

推论 4-1：政府组织推广生物农药的概率 x 会随着市场组织推广生物农药 y 和稻农使用生物农药的概率 z 的下降而增加。即当市场组织不推广生物农药，稻农也不使用生物农药时，政府组织更倾向于要推广生物农药。

当政府组织推广生物农药可以从中央（省）政府获得财政支持 $f > b_1 q + b_2 q$ 时，$f + v + za - b_2 q - y(b_1 q + za + zv) > b_1 q(1-y) + v(1-yz) + za(1-y)$，对于任意的 $y, z \in [0, 1]$，$\frac{\mathrm{d}F(x)}{\mathrm{d}x}|x=1 < 0$ 将恒成立，此时政府组织会推广生物农药。当政府组织获得的财政支持 $f > y b_1 q + b_2 q$ 时，$f + v + za - b_2 q - y(b_1 q + za + zv) > v(1 - yz) + za(1 - y)$，对于任意的 $z \in [0, 1]$，$\frac{\mathrm{d}F(x)}{\mathrm{d}x}|x=1 < 0$ 将恒成立，此时政府组织会选择推广生物农药。当政府组织获得的财政支持 $f < b_2 q - v - za$ 时，$f + v + za - b_2 q - y(b_1 q + za + zv) < -y(b_1 q + za + zv)$，对于任意的 $z \in [0, 1]$，$\frac{\mathrm{d}F(x)}{\mathrm{d}x}|x=0 < 0$ 将恒成立，政府组织会选择不推广生物农药。当财政经费支持 $f < b_2 q - v - a$ 时，$f + v + za - b_2 q - y(b_1 q + za + zv) < -y b_1 q - z(ya + yv) - (1-z)a$，对于任意的 $y, z \in [0, 1]$，$\frac{\mathrm{d}F(x)}{\mathrm{d}x}|x=0 < 0$ 将恒成立，此时政府组织会选择不推广生物农药。据此可以得到推论 4-2。

推论 4-2：当政府农技推广组织推广生物农药可以从中央（省）政府获得财政支持 $f > b_1 q + b_2 q$ 时，政府组织获得中央（省）政府的大力支持（例如财政资金支持、绩效考核评定等），无论市场组织和稻农采取何种决策，政府组织都会推广生物农药，其决策演化相位图如图 4-2 中的（1）所示；当 $f > y b_1 q + b_2 q$ 时，无论稻农采取何种策略，政府组织都会推广生物农药，但政府组织的收益受市场组织决策的影响，其决策演化相位图如图 4-2 中的（2）所示；当 $f < b_2 q - v - za$ 时，无论市场组织采取何种策略，政府组织都将不会推广生物农药，其决策演化相位图如图 4-2 中的（3）所示；当 $f < b_2 q - v - a$ 时，无论市场组织和稻农采取何种策略，政府组织都将不推广生物农药，其决策演化相位图如图 4-2 中的（4）所示。类似地，对政府组织无法实现农药减量目标所需要承担的成本 v 的讨论，也会呈现相似的结果。

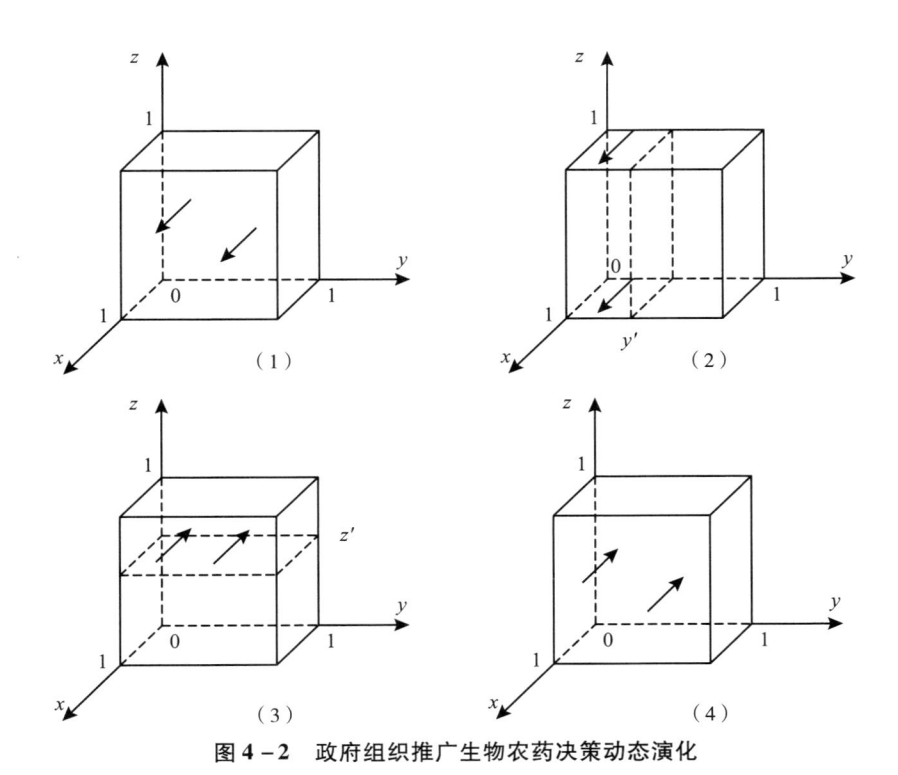

第 4 章 技术推广主体的生物农药推广行为及动态博弈分析

图 4-2 政府组织推广生物农药决策动态演化

2. 市场组织推广生物农药的演化稳定策略

通过对市场组织推广生物农药决策的复制动态方程求 y 的偏导可得：

$$\frac{dF(y)}{dy} = (1-2y)[zq(p_1+p_2) + xqb_1 - cq - p_2q] \quad (4-8)$$

类似于政府组织的演化决策推断过程，为了便于求解讨论市场组织的稳定演化决策，不妨令 $\lambda_3 = \dfrac{cq + p_2q - zq(p_1+p_2)}{b_1 q}$。可推断出，当 $x > \lambda_3$ 时，$\dfrac{dF(y)}{dy}|_{y=1} < 0$ 恒成立，市场组织的演化稳定策略为 $y^* = 1$，即市场组织将选择推广生物农药；当 $x < \lambda_3$ 时，$\dfrac{dF(y)}{dy}|_{y=0} < 0$ 恒成立，市场组织的演化稳定策略为 $y^* = 0$，即市场组织将选择不推广生物农药；当 $x = \lambda_3$ 时，$\dfrac{dF(y)}{dy} = 0$，此时市场组织决策处于不稳定状态。同理，令 $\lambda_4 = \dfrac{cq + p_2q - xqb_1}{q(p_1+p_2)}$，可推断

65

出，当 $z > \lambda_4$ 时，$\frac{dF(y)}{dy}|y=1 < 0$ 恒成立，市场组织的演化稳定策略为 $y^* = 1$，即市场组织将选择推广生物农药；当 $z < \lambda_4$ 时，$\frac{dF(y)}{dy}|y=0 < 0$ 恒成立，市场组织的演化稳定策略为 $y^* = 0$，即市场组织将选择不推广生物农药；当 $z = \lambda_4$ 时，$\frac{dF(y)}{dy} = 0$，此时市场组织决策处于不稳定状态。由此分析也可得出推论4-3。

推论4-3：市场组织推广生物农药的概率 y 与政府组织推广生物农药概率 x 和稻农使用生物农药概率 z 之间呈正相关关系。也即在政府组织推广生物农药，稻农也积极使用生物农药的情境下，市场组织会更倾向于选择推广生物农药。

一方面，当市场组织推广生物农药的市场利润较小，即 $qp_1 < \frac{cq + qp_2 - zqp_2 - qb_1}{z}$ 时，无论政府组织是否推广生物农药，在 $x \in [0, 1]$ 范围内，$\frac{dF(y)}{dy}|y=0 < 0$ 恒成立，市场组织都会倾向于选择不推广生物农药；同理，当市场组织推广生物农药获得的市场利润较大，即 $qp_1 > \frac{cq + qp_2 - zqp_2}{z}$ 时，无论政府组织是否推广生物农药，$\frac{dF(y)}{dy}|y=1 < 0$ 恒成立，市场组织都会倾向于选择推广生物农药；当然，当市场组织推广生物农药的市场利润处于中间水平，市场组织的最终决策取决于政府组织是否开展生物农药推广，继而比较市场组织最终的总收益。另一方面，当市场组织推广生物农药的市场利润较小，并满足 $qp_1 < cq + p_2q - xqb_1 - qp_2$ 时，无论稻农的技术采纳决策如何，市场组织都会选择不推广生物农药；此外，当政府组织推广生物农药概率较大，且给予市场组织足够多的生物农药推广补贴，并满足 $b_1 > \frac{c + p_2}{x}$ 时，无论稻农是否使用生物农药，市场组织最终都会倾向于推广生物农药。当市场组织获得的市场总收益中等，即 $cq + p_2q - qp_2 < qp_1 + xqb_1 < cq + p_2q - zqp_2$ 时，稻农选择使用生物农药概率越大，则市场组织选择推广生物农药的可能性更高。由此分析也可得出推论4-4。

推论4-4：当市场组织从生物农药推广决策中获得的收益满足 $qp_1 <$

$\min\left\{\dfrac{cq + qp_2 - zqp_2 - qb_1}{z},\ cq + p_2q - xqb_1 - qp_2\right\}$ 时，无论政府组织和稻农的决策如何，市场组织都会选择不推广生物农药，其决策演化相位图如图 4-3 中的（1）所示；当获得的市场利润 $qp_1 > \dfrac{cq + qp_2 - zqp_2}{z}$ 时，无论政府组织是否推广生物农药，市场组织都会倾向于选择推广生物农药，其决策演化相位图如图 4-3 中的（2）所示；当政府组织推广生物农药概率较大，且政府组织给予市场组织足够大的生物农药推广补贴，并满足 $b_1 > \dfrac{c + p_2}{x}$ 时，则无论稻农是否使用生物农药，市场组织最终都会倾向于推广生物农药，其决策演化相位图如图 4-3 中的（3）所示；当市场组织从生物农药推广决策中获得的收益中等时，结合推论 4-3 来看，市场组织的生物农药推广决策概率则随着政府组织推广生物农药概率 x 和稻农使用生物农药概率 z 增加而增加，其决策演化相位图如图 4-3 中的（4）所示。

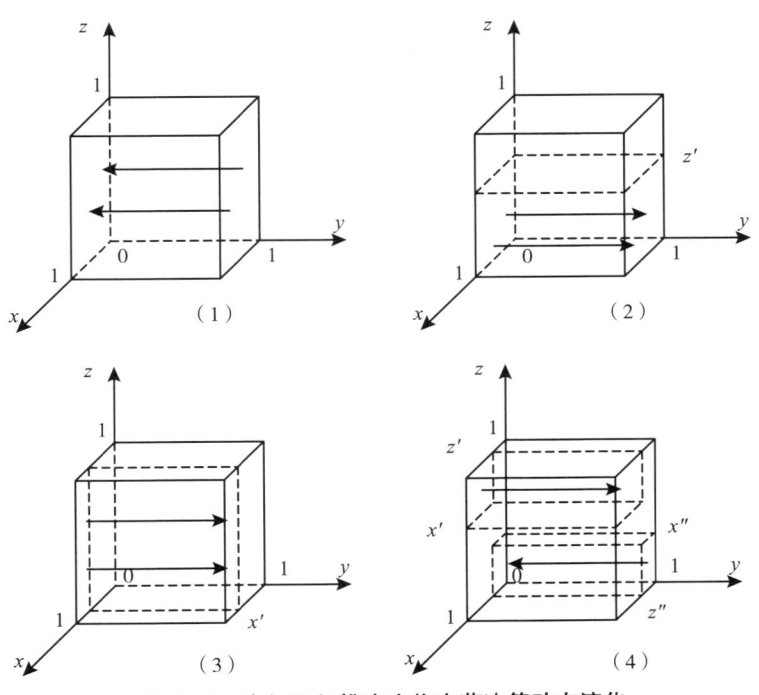

图 4-3 市场组织推广生物农药决策动态演化

3. 稻农使用生物农药的演化稳定策略

通过对稻农生物农药使用决策的复制动态方程求 z 的偏导可得：

$$\frac{\mathrm{d}F(z)}{\mathrm{d}z} = (1 - 2z)[y(2uq + wq + e - p_1q - p_2q) + p_2q - uq] \quad (4-9)$$

同理，为了便于讨论，不妨令 $\lambda_5 = \dfrac{uq - p_2q}{2uq + wq + e - p_1q - p_2q}$。可推断出，当 $y > \lambda_5$ 时，$\dfrac{\mathrm{d}F(z)}{\mathrm{d}z}\vert_{z=1} < 0$ 恒成立，稻农的演化稳定策略为 $z^* = 1$，即稻农将选择使用生物农药；当 $y < \lambda_5$ 时，$\dfrac{\mathrm{d}F(z)}{\mathrm{d}z}\vert_{z=0} < 0$ 恒成立，稻农的演化稳定策略为 $z^* = 0$，即稻农将选择不使用生物农药；当 $y = \lambda_5$ 时，$\dfrac{\mathrm{d}F(y)}{\mathrm{d}z} = 0$，此时稻农处于不稳定决策状态。由此分析也可得出推论 4-5。

推论 4-5：稻农使用生物农药的概率 z 与市场组织推广生物农药的概率 y 呈正相关关系，也即在市场组织推广生物农药的情境下，稻农使用生物农药的概率会更大。

当稻农使用生物农药获得的额外效用较小时，在 $u > p_2$ 的条件下，满足 $w < p_1 + p_2 - 2u - \dfrac{e}{q}$ 时，无论政府和市场组织的策略是什么，在 x、$y \in [0,1]$ 范围内，$\dfrac{\mathrm{d}F(z)}{\mathrm{d}z}\vert_{z=0} < 0$ 恒成立，稻农都会更倾向于不使用生物农药；同理，当稻农使用生物农药获得的额外效用较大时，满足 $w > p_1 - u - \dfrac{e}{q}$ 时，无论政府和市场组织的策略是什么，$\dfrac{\mathrm{d}F(z)}{\mathrm{d}z}\vert_{z=1} < 0$ 恒成立，稻农都会更倾向于使用生物农药；当稻农使用生物农药获得的额外效用处于中间水平，满足 $p_1 + p_2 - 2u - \dfrac{e}{q} < w < p_1 - u - \dfrac{e}{q}$ 时，稻农的生物农药使用决策概率受市场组织决策的影响，结合推论 4-5 来看，表现为当市场组织推广生物农药的概率大于某个临界值时，稻农才会使用生物农药，反之则不使用生物农药。由此分析也可得出推论 4-6。

推论 4-6：当稻农使用生物农药获得的额外效用较小，使得 $w < p_1 + p_2 - 2u - \dfrac{e}{q}$ 时，无论政府组织和市场组织的决策如何，稻农都会选择不使用生物

农药，其决策演化相位图如图 4-4 中的（1）所示；当稻农使用生物农药获得的额外效用较大，使得 $w > p_1 - u - \dfrac{e}{q}$ 时，无论政府和市场组织的策略是什么，稻农都会更倾向于使用生物农药，其决策演化相位图如图 4-4 中的（2）所示；当稻农使用生物农药获得的额外效用处于中间水平时，仅当市场组织推广生物农药的概率较大时，稻农才会使用生物农药，而当市场组织推广生物农药的概率较小时，稻农不会使用生物农药，其决策演化相位图如图 4-4 中的（3）和（4）所示。

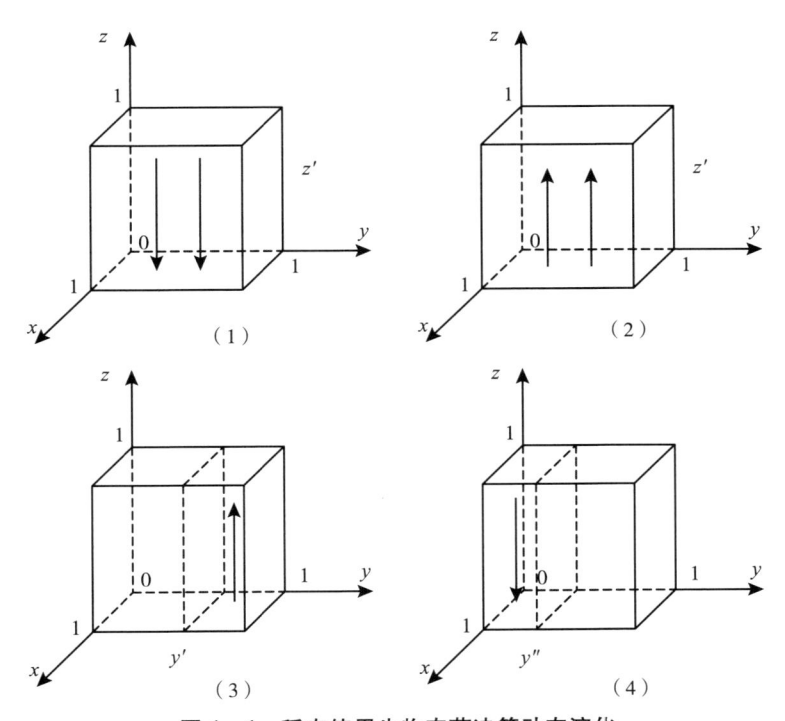

图 4-4　稻农使用生物农药决策动态演化

4. 三主体决策演化的系统均衡

基于成本收益的考量，政府组织推广生物农药决策依赖于条件 $f + a > (b_1 + b_2)q$，同理市场组织推广生物农药决策依赖于条件 $p_1 - c + b_1 > 0$。与此同时，由政府组织、市场组织和稻农的个体动态复制方程（4-2）、方程（4-4）和方程（4-6），可以进一步得到整个系统的动态复制方程组：

$$\begin{cases} F(x) = \dfrac{\mathrm{d}x}{\mathrm{d}t} = x(1-x)\left[f + \nu - b_2 q - y b_1 q - z(ya + y\nu - a)\right] \\ F(y) = \dfrac{\mathrm{d}y}{\mathrm{d}t} = y(1-y)\left[zq(p_1 + p_2) + x q b_1 - cq - p_2 q\right] \\ F(z) = \dfrac{\mathrm{d}z}{\mathrm{d}t} = z(1-z)\left[y(2uq + wq + e - p_1 q - p_2 q) + p_2 q - uq\right] \end{cases} \quad (4-10)$$

为了得到系统的稳定策略均衡解，令 $F(x)=0$、$F(y)=0$ 和 $F(z)=0$，由此可以得到方程组（10）的 9 个均衡点解分别为：$E_1(0,0,0)$、$E_2(1,0,0)$、$E_3(0,0,1)$、$E_4(0,1,0)$、$E_5(1,1,0)$、$E_6(0,1,1)$、$E_7(1,0,1)$、$E_8(1,1,1)$、$E_9(\hat{x},\hat{y},\hat{z})$。其中：$\hat{x} = \dfrac{c + p_2 - \hat{z}(p_1 + p_2)}{b_1}$，$\hat{y} = \dfrac{uq - p_2 q}{2uq + wq + e - p_1 q - p_2 q}$，$\hat{z} = \dfrac{f + \nu - b_2 q - \hat{y} b_1 q}{\hat{y} a + \hat{y} \nu - a}$。进一步将 $\hat{y}$ 代入 $\hat{z}$ 可以求得 $\hat{z} = \dfrac{(f + \nu - b_2 q)(2uq + wq + e - p_1 q - p_2 q)}{\nu(uq - p_2 q) - a(uq + wq + e - p_2 q)} - \dfrac{b_1 q^2 (u - p_2)}{\nu q(u - p_2) - a(uq + wq + e - p_2 q)}$，其在 $f + a > (b_1 + b_2)q$ 和 $u > p_2$ 的条件下可知 $\dfrac{(f + \nu - b_2 q)(2uq + wq + e - p_1 q - p_2 q)}{\nu(uq - p_2 q) - a(uq + wq + e - p_2 q)} > 1$，且 $-\dfrac{b_1 q^2 (u - p_2)}{\nu q (u - p_2) - a(uq + wq + e - p_2 q)} > 0$，使得 $\hat{z} > 1$。然而，要保证均衡点 E_9 存在的意义，则必须满足条件 $0 \leqslant \hat{x} \leqslant 1$，$0 \leqslant \hat{y} \leqslant 1$，$0 \leqslant \hat{z} \leqslant 1$，显然 E_9 将在系统均衡点的讨论中被舍弃。而且根据学者研究（Selten，1970），在非对称博弈中系统的稳定均衡点一定是严格的纳什均衡，继而一定会演化为纯策略均衡。因此，我们只需讨论 $E_1 \sim E_8$ 最终演化均衡的情况。

利用动态系统的雅可比矩阵 J 的行列式 $\det J$ 和迹 $\operatorname{tr} J$ 的正负方向来判定以上策略组合均衡点稳定性仅适用于两主体博弈的情况（Friedman，1991），本书进一步利用李雅普诺夫判别法来间接判定潜在均衡点的稳定性（肖忠东等，2020）。具体方法则是通过计算雅可比矩阵的特征根，若满足所有特征根 $\lambda < 0$，则表示该点是最终的演化均衡点；若存在其中任一特征根 $\lambda \geqslant 0$，则表示该点不会是最终稳定演化均衡点，其系统决策状态是不稳定的（郝家芹、赵道致，2021）。首先分别对式（4-2）、式（4-4）和式（4-6）求关于 x、y 与 z 的偏导函数，得到雅可比矩阵：

$$J = \begin{bmatrix} \dfrac{\partial F(x)}{\partial x} & \dfrac{\partial F(x)}{\partial y} & \dfrac{\partial F(x)}{\partial z} \\ \dfrac{\partial F(y)}{\partial x} & \dfrac{\partial F(y)}{\partial y} & \dfrac{\partial F(y)}{\partial z} \\ \dfrac{\partial F(z)}{\partial x} & \dfrac{\partial F(z)}{\partial y} & \dfrac{\partial F(z)}{\partial z} \end{bmatrix} \quad (4-11)$$

矩阵中的元素可分别表示为:

$$\frac{\partial F(x)}{\partial x} = (1-2x)[f + \nu - b_2 q - y b_1 q - z(ya + y\nu - a)] \quad (4-12)$$

$$\frac{\partial F(x)}{\partial y} = -x(1-x)(b_1 q + za + z\nu) \quad (4-13)$$

$$\frac{\partial F(x)}{\partial z} = -x(1-x)(ya + y\nu - a) \quad (4-14)$$

$$\frac{\partial F(y)}{\partial x} = q b_1 y (1-y) \quad (4-15)$$

$$\frac{\partial F(y)}{\partial y} = (1-2y)[zq(p_1 + p_2) + x q b_1 - cq - p_2 q] \quad (4-16)$$

$$\frac{\partial F(y)}{\partial z} = q y (1-y)(p_1 + p_2) \quad (4-17)$$

$$\frac{\partial F(z)}{\partial x} = 0 \quad (4-18)$$

$$\frac{\partial F(z)}{\partial y} = z(1-z)(2uq + wq + e - p_1 q - p_2 q) \quad (4-19)$$

$$\frac{\partial F(z)}{\partial z} = (1-2z)[y(2uq + wq + e - p_1 q - p_2 q) + p_2 q - uq] \quad (4-20)$$

将潜在均衡点 $E_1 \sim E_8$ 的具体坐标值依次带入矩阵, 继而求解得到所有的特征根表达式, 结果如表 4-3 所示。[①]

表 4-3　　　　　　潜在均衡点的矩阵特征根符号判定

潜在均衡点	特征根	正负号	稳定性
$E_1(0, 0, 0)$	$\lambda_1 = f + \nu - b_2 q$	不确定	若 $f > b_2 q - \nu$ 为鞍点, 不稳定; 若 $f < b_2 q - \nu$, 则为稳定点
	$\lambda_2 = -q(c + p_2)$	—	
	$\lambda_3 = q(p_2 - u)$	—	

---

① 关于雅可比矩阵行列式与迹的计算公式不在此罗列, 详情参见 Friedman (1991) 的论文。

续表

潜在均衡点	特征根	正负号	稳定性
$E_2(1, 0, 0)$	$\lambda_1 = -(f + \nu - b_2 q)$	不确定	若 $f < b_2 q - \nu$ 或 $b_1 > c + p_2$ 为鞍点，不稳定；若 $f > b_2 q - \nu$ 且 $b_1 < c + p_2$ 为稳定点
	$\lambda_2 = q(b_1 - c - p_2)$	不确定	
	$\lambda_3 = q(p_2 - u)$	—	
$E_3(0, 0, 1)$	$\lambda_1 = f + \nu - b_2 q + a$	不确定	不稳定
	$\lambda_2 = q(p_1 - c)$	不确定	
	$\lambda_3 = -q(p_2 - u)$	+	
$E_4(0, 1, 0)$	$\lambda_1 = f + \nu - b_2 q - b_1 q$	不确定	不稳定
	$\lambda_2 = q(c + p_2)$	+	
	$\lambda_3 = q(u + w - p_1) + e$	不确定	
$E_5(1, 1, 0)$	$\lambda_1 = -(f + \nu - b_2 q - b_1 q)$	不确定	不稳定
	$\lambda_2 = -q(b_1 - c - p_2)$	不确定	
	$\lambda_3 = q(u + w - p_1) + e$	+	
$E_6(0, 1, 1)$	$\lambda_1 = f - b_2 q - b_1 q$	不确定	若 $f > (b_1 + b_2) q$ 为鞍点，不稳定；若 $f < (b_1 + b_2) q$ 且 $c < p_1$ 则为稳定点
	$\lambda_2 = q(c - p_1)$	不确定	
	$\lambda_3 = -[q(u + w - p_1) + e]$	—	
$E_7(1, 0, 1)$	$\lambda_1 = -(f + \nu - b_2 q + a)$	—	不稳定（鞍点）
	$\lambda_2 = q(p_1 + b_1 - c)$	+	
	$\lambda_3 = -q(p_2 - u)$	+	
$E_8(1, 1, 1)$	$\lambda_1 = -(f - b_2 q - b_1 q)$	不确定	若 $f < (b_1 + b_2) q$ 为鞍点，不稳定；若 $f > (b_1 + b_2) q$ 为稳定点
	$\lambda_2 = -q(p_1 + b_1 - c)$	—	
	$\lambda_3 = -[q(u + w - p_1) + e]$	—	

根据系统最终均衡原则，若满足所有特征根小于 0，则表示该均衡点为系统最终的演化稳定策略（ESS）。最终运算的结果①显示，政府组织、市政组织和稻农构成的生物农药推广与使用系统的均衡受到系统各参数的影响。具体而言，当满足以下条件时。

（1）若 $f < b_2 q - \nu$，得到的系统最终的稳定演化策略 ESS 均衡点可能为

---

① 由于运算量较大，在此不再陈列具体运算过程。

$E_1(0,0,0)$ 和 $E_6(0,1,1)$，此时政府组织获得的财政经费支持非常少，无论其他条件如何，政府组织都不会推广生物农药。该条件下 $E_1(0,0,0)$ 始终是演化均衡点，但进一步分析可知，在 $f<b_2q-\nu$ 且 $c<p_1$ 的情况下，市场组织的生物农药宣传成本低于其产品售价利润，导致系统决策均衡点演化再次出现 $E_6(0,1,1)$，此时市场组织依然会推广生物农药，稻农也会选择使用生物农药。

（2）若 $b_2q-\nu<f<(b_1+b_2)q$，得到的系统最终的稳定演化策略 ESS 均衡点可能为 $E_2(1,0,0)$ 和 $E_6(0,1,1)$。进一步分析可知，在 $b_2q-\nu<f<(b_1+b_2)q$ 且 $c>b_1-p_2$ 的情况下，政府组织获得中等水平的财政经费，但是市场组织获得的补贴水平 b_1 较小，或生物农药的宣传成本 c 偏高，使得系统决策均衡点演化为 $E_2(1,0,0)$，此时政府组织会推广生物农药，但市场组织不会推广生物农药，且稻农不使用生物农药。而在 $b_2q-\nu<f<(b_1+b_2)q$ 且 $c<p_1$ 的情况下，市场组织的生物农药的宣传成本 c 偏低，此时无论是否有补贴，市场组织都能从售卖生物农药中获利，继而推广生物农药，使得系统决策均衡点演化为 $E_6(0,1,1)$，此时哪怕政府组织不推广生物农药，市场组织也会推广生物农药，且稻农也会使用生物农药。

（3）若 $f>(b_1+b_2)q$，得到的系统最终的稳定演化策略 ESS 均衡点为 $E_2(1,0,0)$ 和 $E_8(1,1,1)$，此时政府组织获得的财政经费支持非常多，无论其他条件如何，政府组织都会倾向于推广生物农药。该条件下 $E_8(1,1,1)$ 始终是演化均衡点，但进一步分析可知，在 $f>(b_1+b_2)q$ 且 $b_1<c+p_2$ 的情况出现时，虽然政府财政经费支持非常多，但给予市场组织的补贴 b_1 却很小，此时市场组织通过售卖生物农药的利润低于传统化学农药的售卖利润，市场组织依然不会推广生物农药，系统决策均衡点演化再次出现 $E_2(1,0,0)$，市场组织可能不再推广生物农药，稻农也不会使用生物农药。

4.2　Matlab 系统仿真实验

为了进一步通过可视化的手段来实现系统参数变动对政府组织、市场组织和稻农均衡决策演变的影响，根据式（4-10）中所呈现的函数关系，可以建立三主体参与的生物农药推广应用系统动力学仿真模型。

4.2.1 系统参数设置

目前学术界普遍使用 Matlab、Vensim、Python 和 Swarm 等软件进行系统仿真实验,其中 Matlab 被广泛运用于社会经济学研究领域(姜维军等,2020),该软件能较好地实现数列和矩阵的运算,继而得到开放性的满足研究者各类需求的演化图像。因此,本书将选择使用 Matlab 软件进行政府组织、市场组织和稻农三主体博弈的仿真实验。

系统参数的赋值是执行系统仿真的基础。当然,所有系统中参数的设置仅是考虑政府组织、市场组织和稻农三主体博弈关系的结果,并不代表真实情境下各主体的真实成本收益数值。系统中所有参数的赋值首先得满足模型假设中的所有条件,即 $f+a>(b_1+b_2)q$、$p_1+b_1>c$、$u+w>p_1$ 和 $u>p_2$。鉴于数值呈现的一般性考虑,将系统中所有参数均设置为正值。根据理论推导的结果来看,可以按照政府组织获得的财政经费支持力度来进行分段讨论,依次为 $f<b_2q-v$、$b_2q-v<f<(b_1+b_2)q$ 和 $f>(b_1+b_2)q$ 三种情境下,分别探究系统均衡点 ESS 的演化。为了便于讨论,不妨令参数 $b_1=1$,$b_2=2$,$v=1$,$q=1$。基于此我们可以求得 f 的两个临界值分别为 $b_2q-v=1$ 和 $(b_1+b_2)q=3$。此时,可以结合 f 的取值和理论推导的结果对系统中剩余的参数赋值。系统仿真后将得到如表 4-4 所示的结果。

表 4-4　　　　　系统参数与 ESS 的演化情境

f 取值	$f<1$	$1<f<3$	$f>3$
ESS	情境1:满足 $c<p_1$ 时,演化为 (0, 0, 0) 和 (0, 1, 1)	情境3:满足 $c<p_1$ 时,演化为 (0, 1, 1)	情境5:满足 $b_1<c+p_2$ 时,演化为 (1, 0, 0) (1, 1, 1)
	情境2:满足 $c>p_1$ 时,演化为 (0, 0, 0)	情境4:满足 $b_1<c+p_2$ 时,演化为 (1, 0, 0)	情境6:满足 $b_1>c+p_2$ 时,演化为 (1, 1, 1)

综合以上系统中参数赋值的所有条件,本书将 f 分别赋值为 0.5、2 和 5,并分 6 种情境讨论三主体系统决策均衡点的演化。详细赋值结果

如表 4-5 所示。

表 4-5　　　　　　　　　系统参数赋值与情境设置

参数	参数赋值					
	情境 1	情境 2	情境 3	情境 4	情境 5	情境 6
b_1	1	1	1	1	1	1
b_2	2	2	2	2	2	2
f	0.5	0.5	2	2	5	5
e	1	1	1	1	1	1
a	3	3	3	3	3	3
v	1	1	1	1	1	1
c	1	1	0.3	1	1	0.3
q	1	1	1	1	1	1
p_1	2	0.5	2	0.5	0.5	2
p_2	1	1	0.5	1	1	0.5
u	2	2	2	2	2	2
w	1	1	1	1	1	1

4.2.2　仿真结果与分析

在 Matlab 软件中编写政府组织、市场组织和稻农决策的复制动态方程，并写入相应的程序代码①后执行结果得到如下结果。

在情境 1 的参数赋值条件下，得到的仿真结果如图 4-5 所示。此时三维立体图像的演化轨迹显示三主体决策最终均衡点 ESS 为（0，0，0）和（0，1，1），这与理论推导的结果是一致的。验证了推论 4-2。其所隐含的经济含义是当中央/省政府给予政府组织的生物农药推广财政经费支持处于较低水平时，政府组织的农技部门将没有动力去推广生物农药。

---

① Matlab 软件语言的编写可以向作者索要，此处不进行赘述。

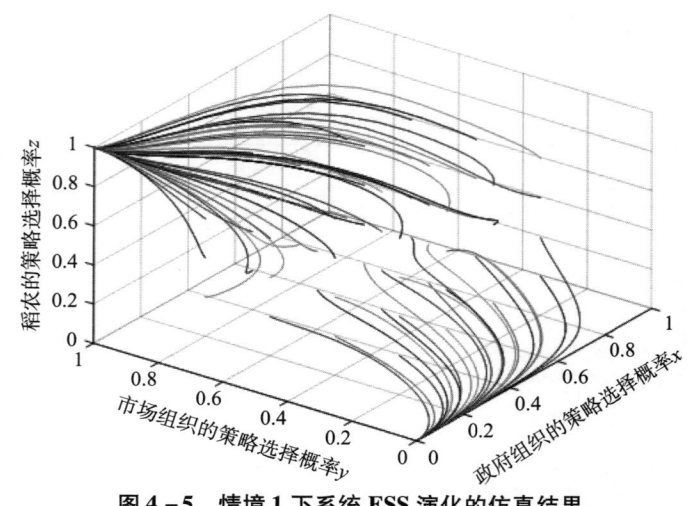

图 4-5 情境 1 下系统 ESS 演化的仿真结果

在情境 2 的参数赋值条件下,得到的仿真结果如图 4-6 所示。此时三维立体图像的演化轨迹显示三主体决策最终均衡点 ESS 为 (0,0,0),其他区域的演化是无序的,这与理论推导的结果是一致的,从而验证推论 4-4。其所隐含的经济含义是当市场组织的生物农药推广单位成本过高时,其也会在情境 1 的基础上退出生物农药推广。该情境下市场组织与政府组织都没有推广生物农药的意愿和倾向,稻农也不愿意使用生物农药。

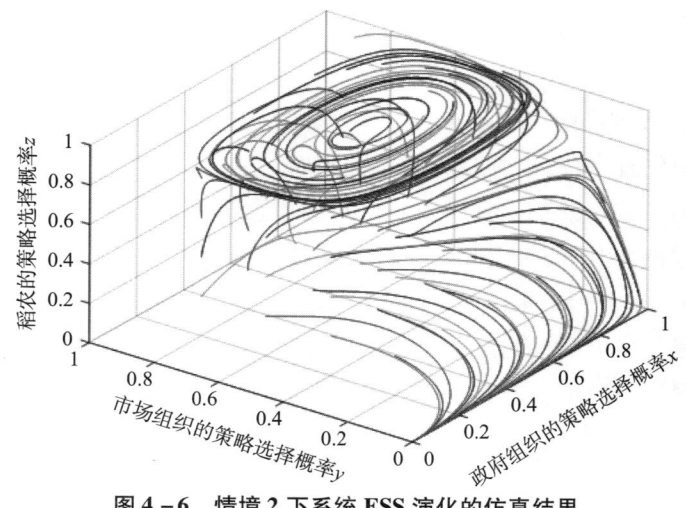

图 4-6 情境 2 下系统 ESS 演化的仿真结果

第 4 章 技术推广主体的生物农药推广行为及动态博弈分析

在情境 3 的参数赋值条件下,得到的仿真结果如图 4-7 所示。此时三维立体图像的演化轨迹显示三主体决策最终均衡点 ESS 为 (0,1,1),这与理论推导的结果是一致的,从而验证推论 4-4。其所隐含的经济含义是当市场组织的生物农药推广单位成本较低时,生物农药的市场出售价格偏高,即使政府补贴水平不高,市场组织也依然能从推广生物农药产品中获利,继而更倾向于推广生物农药。

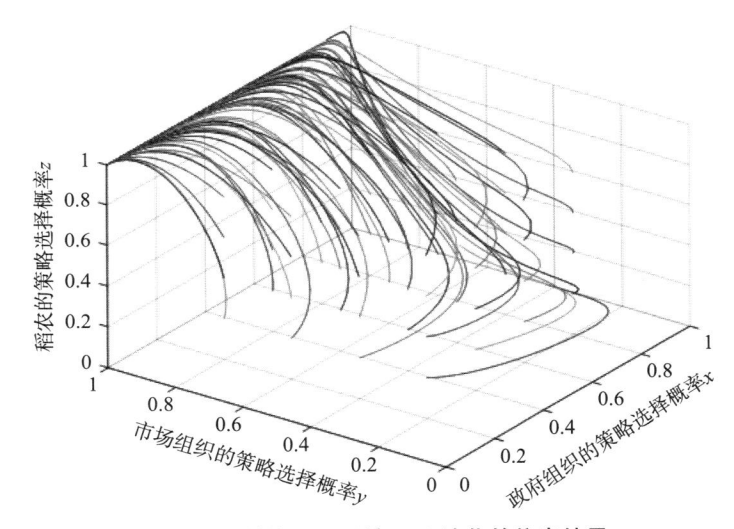

图 4-7 情境 3 下系统 ESS 演化的仿真结果

在情境 4 的参数赋值条件下,得到的仿真结果如图 4-8 所示。此时三维立体图像的演化轨迹显示三主体决策最终均衡点 ESS 为 (1,0,0),其他区域的演化是无序的,这与理论推导的结果是一致的,从而验证推论 4-4。其所隐含的经济含义是政府组织能从中央/省政府获得中等水平的财政经费支持,且不必承担过高的生物农药推广财政补贴支出,所以政府组织势必是愿意推广生物农药的。同时,市场组织推广生物农药获得的补贴少,承担的宣传成本高,导致生物农药推广效益要低于化学农药推广,所以最终会选择不推广生物农药。

77

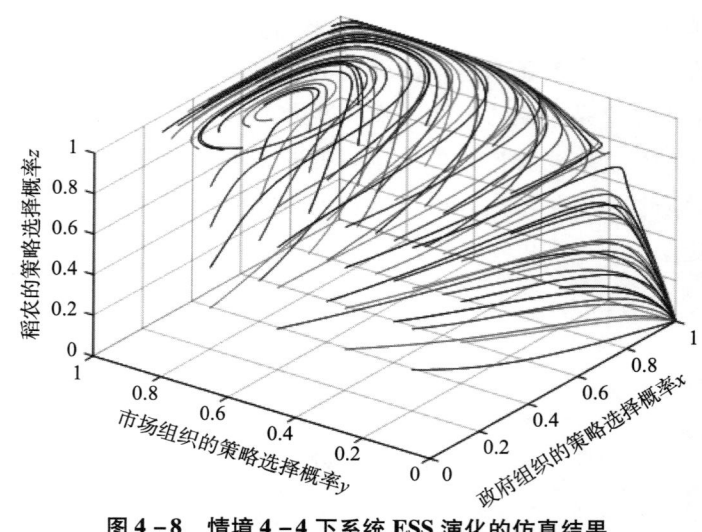

图4-8　情境4-4下系统ESS演化的仿真结果

在情境5的参数赋值条件下,得到的仿真结果如图4-9所示。此时三维立体图像的演化轨迹显示三主体决策最终均衡点ESS为(1,0,0)和(1,1,1),这与理论推导的结果是一致的,从而验证推论4-2。其所隐含的经济含义是政府组织能从中央/省政府获得较高水平的财政经费支持,此时无论其他参数如何,政府组织都会选择推广生物农药。

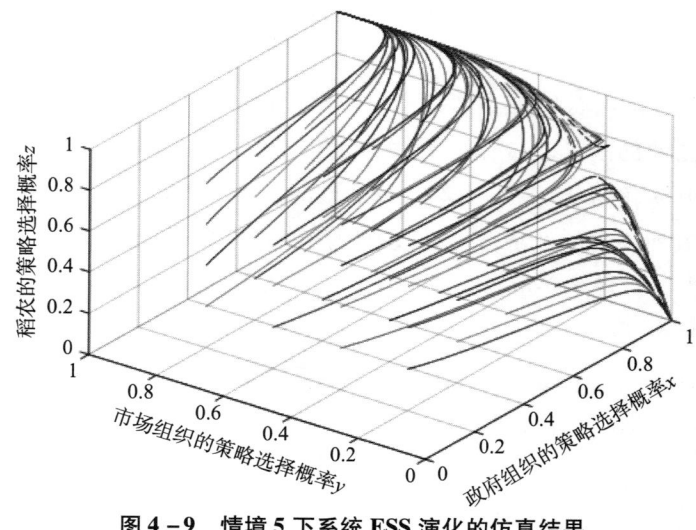

图4-9　情境5下系统ESS演化的仿真结果

在情境 6 的参数赋值条件下，得到的仿真结果如图 4-10 所示。此时三维立体图像的演化轨迹显示三主体决策最终均衡点 ESS 为 (1, 1, 1)，这与理论推导的结果是一致的，从而验证推论 4-4。其所隐含的经济含义是政府组织能从政府获得较高水平的财政经费支持，且政府组织会通过转移支付的形式，给予市场组织较高水平的生物农药推广补贴。在此情境下，政府组织与市场组织都能获得较大收益，继而都更倾向于选择推广生物农药。

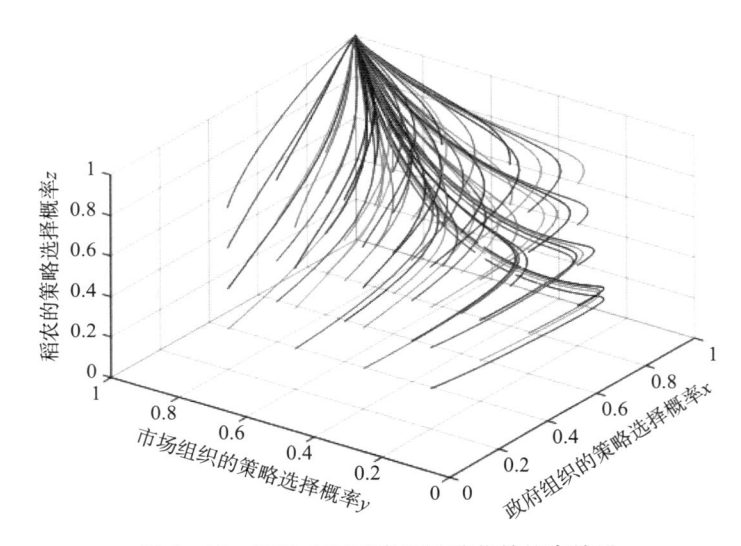

图 4-10 情境 6 下系统 ESS 演化的仿真结果

4.2.3 初始决策概率对仿真结果的影响

为了论证政府组织、市场组织和稻农三主体决策间的相互影响，本书将通过改变不同主体的初始决策概率值来模拟系统的演化过程。我们将以理想的演化目标状态 (1, 1, 1) 为例开展后续研究。在 Matlab 软件中将政府组织、市场组织和稻农的初始决策概率设置为 (0.5, 0.5, 0.5)，时间 t 设置为 10，步长设置为 1。以此为基准可以通过逐步调整三主体中任一主体的初始概率，最终得到的仿真结果如下。

(1) 改变政府组织推广生物农药的初始决策，使得 x_0 依次等于 0.25、0.5 和 0.75，三种状态下依然保持 $y_0 = 0.5$ 和 $z_0 = 0.5$，得到图 4-11 所示结果。演化结果显示,随着政府组织初始决策概率 x_0 的增加,系统中政府组织决策概率演化为 $x=1$ 的速度明显加快,同时市场组织决策概率演化为 $y=1$ 和稻农决策概率演化为 $z=1$ 的速度也都有所增加①。也即随着政府组织推广生物农药的初始概率增加,系统三主体达成推广和使用生物农药协同决策所花费的时间越短,从而验证推论4-3。隐含的经济学含义是,要早期通过矫正政府组织的发展理念,增强其推广生物农药的动力和意愿,有益于政府组织在生物农药推广实际进程中更好更快地发挥积极引导作用。

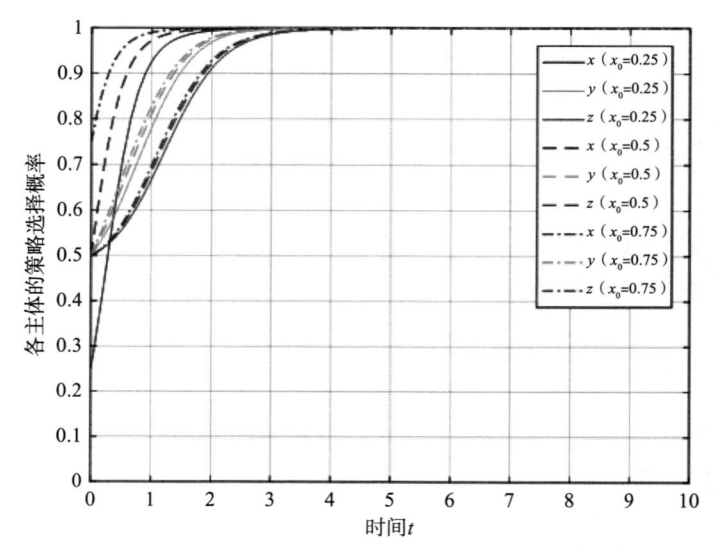

图4-11 政府组织推广决策的初始概率变动对仿真结果的影响

(2) 改变市场组织推广生物农药的初始决策,使得 y_0 依次等于0.25、0.5和0.75,三种状态下依然保持 $x_0=0.5$ 和 $z_0=0.5$,得到图4-12所示结果。演化结果显示,随着市场组织初始决策概率 y_0 的增加,系统中市场组织决策概率演化为 $y=1$ 的速度明显加快,同时政府组织决策概率演化为 $x=1$ 的速度有所降低,但稻农决策概率演化为 $z=1$ 的速度明显加快。也即随着市场组织推广生物农药的初始概率增加,市场组织和稻农形成推广和使用生物农药协同决策所花费的时间变短,但政府部门放缓了推广生物农

---

① 演化速度可以由图像中概率演化为1时,该主体所花费的时间来衡量。

药的决策,从而验证了推论 4-1 和推论 4-5。隐含的经济学含义是:在市场组织极力推广生物农药的情境下,要规避政府组织的"搭便车"行为(利用市场组织推广生物农药来获得政绩),"搭便车"行为的发生会导致稻农使用生物农药决策的演化速度降低,进而延后了生物农药的普及应用。

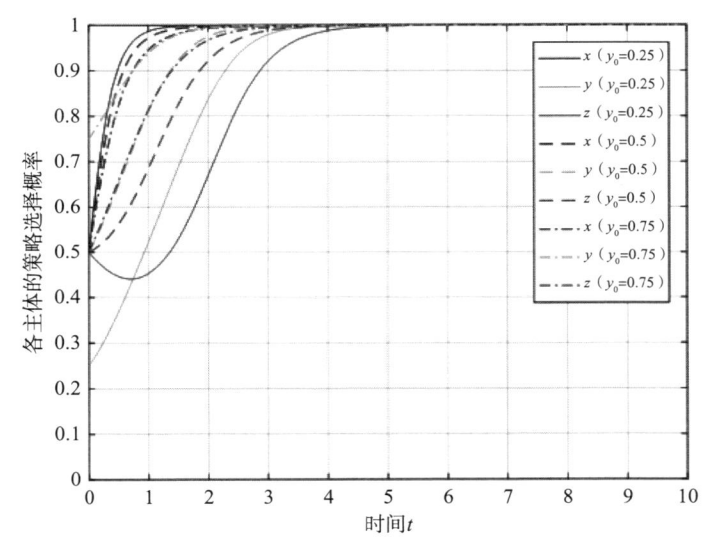

图 4-12 市场组织推广决策的初始概率变动对仿真结果的影响

(3) 改变稻农使用生物农药的初始决策,使得 z_0 依次等于 0.25、0.5 和 0.75,三种状态下依然保持 $x_0=0.5$ 和 $y_0=0.5$,得到图 4-13 所示结果。演化结果显示,随着稻农初始决策概率 z_0 的增加,系统中政府组织演化为 $x=1$ 的速度将保持不变,而市场组织决策概率演化为 $y=1$ 的速度明显加快。也即随着稻农使用生物农药的初始概率增加,市场组织会更快地作出推广生物农药决策响应,但并不影响政府组织的决策速度。推论 4-1 和推论 4-5 得到验证。隐含的经济学含义是:市场组织才是稻农最重要的生物农药供给者,对稻农生物农药的使用决策起关键性作用,而政府组织作为公益型社会服务组织,仅与稻农决策存在间接性关联。随着稻农生物农药使用率越来越高,短期内要迅速提高市场组织的生物农药推广供给,以推动生物农药的推广使用效率快速提升。

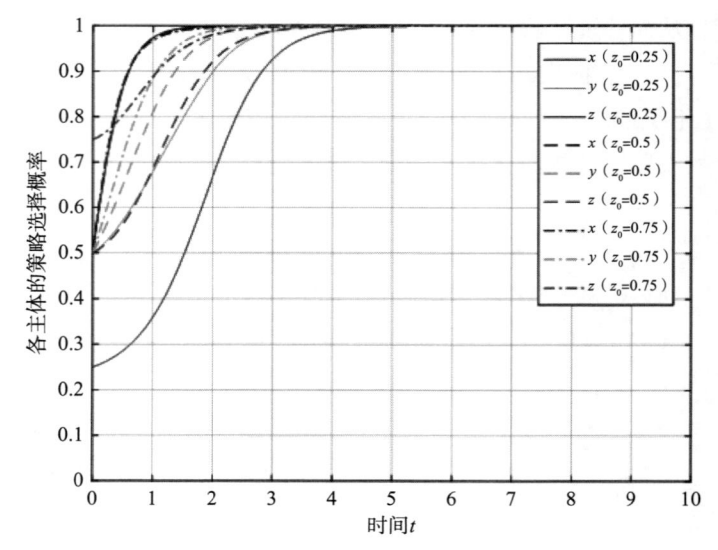

图 4-13 稻农决策初始概率变动对仿真结果的影响

4.3 现实检验：基于农技站与农资店的深度访谈数据

4.3.1 数据来源

本节使用的数据来自课题组于 2019 年和 2020 年在湖北省开展的访谈与问卷调查。考虑到样本稻农地区政府组织（农技站）和市场组织（农资店）数量的有限性，本书除对水稻种植户进行问卷调查外，针对农业技术推广中心和农资店则是采用深度访谈的形式，通过录音与文本分析，解读挖掘政府组织与市场组织的生物农药推广信息。抽样方法是从襄阳市南漳县，黄冈市武穴市、蕲春县和英山县，荆门市钟祥市，宜昌市夷陵区共 6 个县（区）中，按照随机分层抽样的原则，从各市县（区）抽取 2~3 个乡镇，对每个乡镇农业技术推广中心的主任或病虫害防治管理人员开展深度访谈，最终获得 15 份样本访谈数据。考虑到正规农资店大多分布在乡镇，因此也按照分层随机抽样的原则，在每个乡镇抽取 3~4 个农资店开展访谈调查，最终获得 50 份农资店店主的样本访谈数据。访谈问卷的主要内容涉及生物农药推广现状与目标、推广支持政策、推广的困境和市场效益等。

4.3.2 研究方法

基于深度访谈文本数据，本节将使用文本分析法探究政府组织与市场组织推广生物农药的行为影响机理。文本分析法通过叙事的手段在经验资料的基础上提炼出核心概念，在收集整理关于农技站和农资店访谈录音和文本材料的基础上，通过对重点关注维度的内容进行比较、分析、综合，从中提炼出评述性的说明。该方法近年来在农业生产技术相关研究中的应用也逐渐增多，例如稻农低碳技术采纳行为和农业新技术扩散等（蒋琳莉等，2018；李凌汉，2021）。

4.3.3 文本范畴提炼与分析

1. 政府组织访谈文本数据整理与范畴提炼

对以农业技术推广中心为代表的政府组织获得的录音整理成文本数据后，首先，对所有的文本字句进行分解，并对具有独立观点的所有句子进行编码。其次，按照研究相关内容将编码的句子进行概念化，再将概念化的相似观点进行分类整合，并借鉴蒋琳莉等（2018）学者做法，删除文本数据中重复出现频次小于3的初始概念。最后，将获得的初始概念进一步归并，通过开放式编码的方式，将类似概念归并以形成初始范畴（见表4-6）。

表4-6　　　　　　政府组织访谈文本的概念化与初始范畴

编码	访谈文本	概念化	初始范畴	主范畴
Z13	现在化学农药也都是低毒的，不一定都要使用生物农药	减量必要性	减量重要性	绿色发展观念
Z05	目前农民使用农药也不是很多吧，近几年我们这农药中毒的事件几乎没有，大家几乎都是按照以往的方案治理水稻病虫害	减量迫切性		

续表

编码	访谈文本	概念化	初始范畴	主范畴
Z17	化学农药用多了确实损害生态环境,以前的小河里都是鱼、虾和蟹,现在啥都没有了	污染环境	环境保护意识	绿色发展观念
Z20	目前农业生产环境的硬件设施(道路、灌溉、电力和机械等)虽然得到一定改善,但水质、土壤和自然灾害频发,这都是以往农业高污染生产方式导致的	生产环境恶化		
Z12	现在农民都知道农药用多了不行,他们种水稻都没以前那么猛打药了,除非虫害确实特别多的情况下	农药毒性	食品安全观念	
Z06	很多农户种的稻谷都自己家吃,不会打什么高毒的农药	绿色农产品		
Z15	我们知道农药零增长政策,当时省政府统一下了文件的	政策下达	农药减量政策	农药减量规划
Z06	2015年出台减量的政策文件后,当时省里和市里都有组织学习的,后面就没怎么强调了	政策学习		
Z09	关于农药减量到底要减多少我们都不是很清楚,上面(省/市政府)也只是说要减	减量目标不明	农药减量目标	
Z10	看新闻都说农药使用零增长目标实现了,这是肯定的,农民自身素质都提高了,而且现在好农药越来越贵	农药减量预期		
Z07	现在单位上大家都在大力搞乡村振兴、精准扶贫,农药减量是很小的一块,我们也不会花那么多心思去弄	政策目标冲突	政策目标多样	
Z19	农业绿色发展是多方面的,肥料、农药、废弃物、生活垃圾等,在生物农药的推广上确实没做太多事情	减量工作未落实		
Z02	要我们推广农药减量技术需要钱啊,上面(指中央/省政府)不给配套经费,我们很多工作就没办法开展	经费支持	推广经费不足	财政经费支持
Z04	如果有生物农药推广的专项经费支持,我们会更加积极地去执行该项政策	专项经费		
Z07	现在部门的经费都要向扶贫和美丽乡村建设方面倾斜,其他开支能少就少,因为乡镇给我们技术推广的经费每年都是定额的	减少开支		

续表

编码	访谈文本	概念化	初始范畴	主范畴
Z21	搞生物农药宣传需要钱，如果没有专项经费，我们只能从其他的项目经费里扣除，宣传不够的话作用也不是很大	宣传成本	推广方式受阻	财政经费支持
Z14	推广技术产品往往需要配套的补贴政策，这样才能诱导农民购买生物农药，生物农药那么贵，不补贴农户不是很愿意买	生物农药补贴		
Z13	生物农药的推广最好的办法是发一些农药产品给农户试用，好用他们就会下次自己买，我们派发的药品需要省市政府给我们提供	派发试用产品		
Z26	我们单位懂生物农药的人不多，它跟化学农药还是有差异的，无论是毒性、残留，还是药性等其他方面。而且也不让我们多招个人	懂技术的人才	专业技术职员	技术人才支撑
Z30	单位技术推广人员本身就少，都是身兼多职，农药减量的技术推广人员都是跟肥料减施、灌溉等一起的，大部分时候是同一个人	技术推广分工		
Z09	生物农药产品不是我们开发的，所以每年市场上有什么生物农药产品有时候我们也不是很清楚，相关的产品信息收集工作很难进行	产品技术研发	产品市场信息	
Z11	现在市场上卖的农药产品那么多，也不知道哪些是真的、有用的生物农药	产品市场信息		
Z21	生物农药一般不会开展独立的技术培训，没有单独的专人负责这个东西，都是植保部门兼着这份工作	技术培训	技术培训人员	
Z02	生物农药的实验与示范工作很少，以前有经费的时候还专门做过绿色防控的示范，需要长期有一批人员去管护示范区	试验示范		
Z08	生物农药的毒性普遍偏低，这既是优点也是缺点，虽然对人无害，但是杀虫效果也没化学农药那么好、那么快	杀虫止损风险	农药减量风险	减量风险成本
Z27	农业生产最基本的目标依然是稳产增产，要保障粮食安全，相对而言化学农药的风险更小，因为目前很多生物农药产品技术不是很成熟	粮食减产风险		
Z13	生物农药杀虫的效果没那么快，而且主要是预防为主，需要提前打药，技术把控难度稍微大一些，用量的控制要求也相对较高	技术操作风险		

85

续表

编码	访谈文本	概念化	初始范畴	主范畴
Z28	目前我们主要是通过一些横幅、宣传栏、病虫害预警系统（手机短信、网络、电话）等宣传病虫害防治的内容，专门针对生物农药宣传的大多可能是厂商自己宣传的产品	技术宣传成本	农药减量成本	减量风险成本
Z21	生物农药产品的推广需要一个周期，一般3至4年吧，每年的补贴经费就是一大笔开支，推广起步阶段要印发资料、开设培训班、建设示范基地都需要钱	推广维护成本		
Z12	也没说不让使用化学农药，农民要用什么农药我们也阻止不了，可能最多也是在宣传培训的时候跟人家说，要尽量使用低毒的生物农药	化学农药使用	化学农药管制	
Z25	目前市场上既有生物农药，也有化学农药，农户是可以随意选择的。国家只是禁止高毒化学农药的使用与监管，只要不在监管名单内的其他化学农药产品都是可以售卖的	化学农药售卖		
Z07	现在乡镇农药减量的具体数据我们乡镇一级查不到，可能市里跟省里才有数据。我们最多会培养一些好的例子，树立典型	农药减量核查	减量监管核查	监管考核制度
Z11	到目前为止，还没有上级领导来视察农药减量的工作	农药减量监管		
Z16	我们每年的绩效考核其实很简单，没那么复杂的指标，化学农药减量目标也并不在政绩考评项目中，我们都是上面让做什么我们就做什么	绩效考核	绩效考核制度	
Z31	农药减量当然是好事，对社会对民众都是好的，但我们推广生物农药也得不到什么好处，不推广也不会有什么处罚	激励与惩罚机制		

注：以上文本内容在受访者原话的基础上做适当修正，仅部分离题话语被删除；受访者相似观点的语句仅节选部分在此陈列；访问员通过当地提供的部分纸质版材料（总结、公报、宣传单和统计材料等）对受访者的相关论点进行核实。

  根据乡镇农业技术推广中心管理部门人员的调查访谈文本整理，最终获得35个有效的关键概念，分类后得到16个初始范畴（见表4-6）。在此基础上，通过主轴式编码方式（二级编码），进一步归纳出影响市场组织推广生物农药行为的6个主范畴：绿色发展理念、农药减量规划、财政经费支持、技术人才支撑、减量风险成本和监管考核制度。各主范畴的内涵及其内在关系表现如下。

一是绿色发展理念，主要包含减量的重要性、环境保护意识和食品安全观念。就对农业技术推广中心样本中收集到的文本资料和访谈实际来看，对化学农药减施行动的重要性和迫切性认知依然不足，"低毒"的化学农药和生物农药都可以被接受。且对人体健康的危害关注度要明显高于"环境污染"，因为化学农药对环境带来的危害无法在短期内显现。此外，近年来化学农药使用导致的食品中毒事件并未频繁发生，使得地方政府对化学农药的使用依然保持认可。由此可见，目前政府组织推广生物农药的过程中依然存在对减量重要性认识不够、环境保护意识不足、食品安全观念不强等问题。

二是农药减量规划，主要包含农药减量政策、农药减量目标和政策目标。2015 年实施农药使用量"零增长"行动方案以来，该政策的制定和出台也引起社会群体的广泛关注，中央政府和地方政府都组织和积极参与相关文件的学习工作。减量方案中虽然详细谈及化学农药减量的必要性和重要性以及农药减量的技术路径和区域规划，但对地方性的指导却是"请结合本地实际，细化实施方案"。使得现实中地方政府往往处于"观望"的状态，对于化学减量行动而言，他们知道要减，但对于"减多少"和"怎么减"的问题却不是很清楚。加上政府组织的政策目标具有多元性，在精准扶贫、乡村振兴和环境治理等国家战略的推进中，化学农药减量工作的重要性在不断削弱。由此可见，目前农药减量政策的下达虽较为顺利，但地方政府依然欠缺明晰的减量目标与战略规划，且多项政策目标间存在明显的资源竞争现象。因此，政府组织在生物农药的推广过程中依然面临农药减量目标不明确、减量政策资源竞争性弱等问题。

三是财政经费支持，主要包含推广经费不足和推广方式受阻。政府组织的政策服务导向性，决定其行为动机依然是实现社会效益的最大化原则，获得中央或省政府的财政资金支持是其主要的推广活动资金来源。从调研地的实际情况来看，"零增长"方案执行多年，仍未设立专项的农业化学农药减量资金项目，使得生物农药的宣传投入只能从"其他项目"扣除，导致政府组织的农药减量技术推广动力严重不足，"花钱"的技术推广方式都无法得到有效执行。例如生物农药购买补贴试点项目，生物农药示范基地建设项目，生物农药宣传培训项目等。生物农药推广经费投入不足，直接影响了生物农药的推广效果，继而导致生物农药推广应用受阻。可见，缺乏专项农药减量财政经费预算是影响政府组织开展生物农药推广行为决策的关键，这与上述博弈仿真的结果具有一致性。

四是技术人才支撑，主要包含专业技术职员、产品市场信息员和技术培训人员。生物农药作为新兴的绿色生产技术，相较传统化学农药而言具有独立的技术支撑体系，其在制作原料、工艺、方法和操作上都具有更加严格的标准。对于政府组织而言，在增加政策任务工作量，而不"加人"的情况下，原有的技术人员需要花大量的时间去重新学习和掌握新的生物农药知识。另外，政府组织并不直接负责生物农药的产品研发，农药制药公司每年都会研发、注册和推出不同品牌、不同功效和不同成分组成的生物农药产品，在无法准确掌握农药市场信息的情况下，政府组织也很难作出最优的推广决策方案。因此，如何让"专业的人"来做"专业的事"，对于生物农药的有效推广也很重要，政府组织应该培养或引进农药减量技术型人才。

五是减量风险成本，主要包含农药减量风险和农药减量成本。生物农药的低毒性和靶向性特征，虽然降低环境污染，但同时也增加粮食的生产风险。一方面是生物农药的药效发挥慢，当病虫害已经发生时，使用生物农药来杀灭或抑制病虫害将仍会带来较大的粮食减产损失。另一方面，生物农药的靶向性使得特定的农药产品只能杀灭小范围种类的病虫害，而水稻病虫害具有多样性和变异性特征，病虫害短期内可能无法完全被稻农准确识别，最终也会导致粮食减产。因此，在我国保障粮食安全的战略背景下，地方政府为追求粮食的稳产与增产，降低粮食的减产风险，也会倾向于使用化学农药。与此同时，生物农药推广阶段涉及的宣传、培训、示范和补贴工作均依赖于人财物等财政资源的投入。可见，在今后政府组织推广生物农药的过程中仍需加大生物农药技术与产品的研发力度，降低农药减量风险。同时在财政资金支持的基础上，降低化学农药减量决策的执行成本。

六是监管考核制度，主要包含化学农药管制、减量监管核查和绩效考核制度。从2017年国务院修订的《农药管理条例》来看，仅标注"不能使用禁用的农药"，对于普通化学农药的使用依然属于合法范围，至于化学农药的使用间隔期、使用剂量等也无法作出明确的规定。即在现行政策下，普通化学农药和生物农药在水稻种植过程中都是被允许使用的，农户可以自由选择。再者，由于乡镇市场农药售卖的销售记录台账制度不完善，市场上售卖的农药品种和数量等信息也都无法在乡镇级别核实与查证，政府组织的生物农药推广绩效无法被量化。此外，政府部门并未对农药减量工作给予充分重视，绩效考评、监督和管理等实质性工作尚未被彻底执行，使得政府部门的生物农药技术推广工作推进动力不足，很多事情仅停留在"口号"层面。监管考核制度的构建是激励政府组织持续主动推进生物农药宣传和农药减量工作的关键。

2. 市场组织访谈文本数据整理与范畴提炼

参照政府组织文本分析的类似方法，对以农资店为代表的市场组织获得的访谈录音整理成文本数据后，对所有的文本字句进行分解和编码，并依次进行概念化，再通过开放式编码的方式，将类似概念归并以形成初始范畴（见表4-7）。

表4-7　　　　　　市场组织访谈文本的概念化与初始范畴

编码	访谈文本	概念化	初始范畴	主范畴
M04	现在高毒化学农药都不让卖的，禁用的农药更是不能卖，现在科学技术都进步了，化学农药也都是低毒、低残留的	化学农药毒性	农药毒性认知	农药产品认知
M10	农药都有毒，只是生物农药的毒性可能稍微低些。生物农药也是不能被人吃进去的，吃进去不也一样中毒	生物农药毒性		
M09	目前很多化学农药中也掺杂了很多生物成分，生物农药中也未必没有掺杂化学成分，只是可能成分结构和占比有所差异罢了	农药有效成分	农药产品评价	
M21	生物农药肯定比化学农药要好啊，化学农药短期内很难被降解，被人吃了就会得各种疾病，现在国家推广生物农药肯定是好的	生物农药有益性		
M02	生物农药和化学农药都是一样卖，就像两类不同品种的农药一样，没什么其他的差异	农药产品差异	生物农药知识	专业知识技能
M27	以前没有什么生物农药，最近几年市场上才慢慢出现，跟化学农药不一样，具体哪些不一样也说不太上来，我只知道对人体健康没啥危害	生物农药了解程度		

续表

编码	访谈文本	概念化	初始范畴	主范畴
M06	生物农药的用法我认为差不多,跟普通化学农药是一样的,也是溶在水里面喷洒嘛,用电动喷雾器打到田里	使用方法	农药使用技能	专业知识技能
M40	生物农药毒性没那么强,肯定要提醒农民提前打。如果发现虫害比较多的话,再打生物农药都有点来不及了,生物农药还是以预防为主	使用时机确定		
M26	生物农药的使用方法跟化学农药一样,有时候农户来买药也会问,就告诉他兑多少水,打多大面积就行	使用剂量指导		
M05	我们一般都是建议稻农同时打2~3种农药,可以节省体力。有时候是化学农药与生物农药混着用,这样更加有药效保障	使用品种选择		
M16	一般生物农药制作的原料都是无毒的天然材料,人工成本、制作成本这些都相比化学农药高很多	制作成本高昂	农药成本价格	市场利润空间
M07	生物农药一般都是好的农药,毒性没那么强,卖得也要比普通的化学农药贵一些。一般每亩地可能要多10~20元钱的成本	售卖价格较高		
M14	生物农药贵,买的农户稍微没那么多,特别是对于一些种地的老人家而言,他们很看重价格,喜欢跟往年比较,稍微贵了就不要	农药需求偏好	产品市场需求	
M12	我们决定不了卖什么农药,农户自己要买什么农药、市场上有什么农药可以卖才是关键	农户真实需求		
M11	我们推销农药肯定会看利润啊,哪些农药卖得好、赚钱多,我们就更愿意卖那种农药。当然,农户要是问我们要打什么农药时,我们也会给一些好的推介,不管是化学农药还是生物农药	产品推销	产品宣传推介	
M24	我们自己很少去宣传某种农药产品,除非制药厂家给一些海报、宣传单什么的,贴在我们店里,都是他们自己宣传	产品宣传		
M19	我们好不容易进一批货,肯定希望早点卖完,生物农药卖得贵,买的人少,我们最后都要降价处理,其实卖化学农药的利润率更高	农药产品利润	产品盈利能力	
M30	每年附近的村民就这么多,无论是化学农药还是生物农药,卖的量都是每年差不多固定的,我不可能只卖生物农药,不然想买化学农药的顾客都跑去其他地方买了	农药市场容量		

第4章 技术推广主体的生物农药推广行为及动态博弈分析

续表

编码	访谈文本	概念化	初始范畴	主范畴
M23	现在有部分农户依然是采取赊账的方式,特别是一些贫困的老年农户和种植大户,买农药化肥的钱当时都不给,等粮食收成后再一笔付清。农药要是不好用,他们可能就会不付钱	农资赊账	市场信誉	信誉声誉机制
M03	农药的效果如果不好的话,那些农民会上门来找我们的,谁也不敢卖假药,附近的村民也都是认识的人	市场信誉		
M18	不敢卖药效不强的农药,有风险。别人会说你的农药产品不好、你卖假药、你骗人等,会影响农资店的声誉	农资店声誉	市场声誉	
M17	一般农户用了什么药好用,他们也会跟别人说,就会帮忙宣传,所以我给他们推荐的农药肯定要好,这样来我店里买农药的人就更多	产品声誉传播		
M15	现在农药厂家能生产生物农药的不多,市场上也只出现一两种常用的生物农药,像阿维菌素那种。不像化学农药,即使是防治同一种病虫害的农药品种也非常多	生物农药品种少	农药产品与种类	产品研发供给
M29	有些水稻的病虫害还是必须使用化学农药,没有能根除和防治的生物农药产品。毕竟生物农药推广还没几年,发展没化学农药好	生物农药产品少		
M13	我们到市里去进货,能进到什么货就卖什么货。每年都会有很多新品种的农药,有时候往年卖得好的农药我们也会多囤一点货	产品供给被动性	农药产品供给	
M06	我们卖药包括给农民推介农药,肯定是先看自己店里有什么药。我们囤货也积压了很多资金,肯定是把农药卖出去越多越快就越好	产品出售目标		
M32	有些制药厂商推出很多名称的农药,每年改名字,都记不住产品名称,但实际上农药的主要成分还是那几样	产品研发粗糙	农药产品研发	
M35	生物农药能防治的病虫害很有限,现在市面上的生物农药产品并不能有效控制所有的水稻病虫害。技术的研发肯定还要加强,产品也不是特别丰富,好用的就那么几种	产品数量较少		

续表

编码	访谈文本	概念化	初始范畴	主范畴
M25	政府（农业农村局）有时候通知我们去上一些培训班，讲到过农药减量的问题，但也没说一定要我们卖生物农药	农药减量培训	政策宣传培训	政策支持引导
M28	平时宣传也不是很多，当然我们看电视、看报纸时会关注到这个减量的问题。当地政府和农技部门是不会管我们卖什么农药的	农药减量宣传		
M33	生物农药产品价格补贴几乎没有，反正我这卖的生物农药都没有价格补贴。生物农药正是因为价格比较贵买的农户才少	农药价格补贴	政策补贴	
M31	我们去制药商家订购生物农药也没有便宜，运输、存储、实验和售卖的过程中都没有补贴我们农资店，其实就跟化学农药是一样的管理方式	农资店补贴		
M34	政府部门人员几乎没来到我们店里抽检过农药产品，除非有人举报我卖假药或违禁的农药，否则也没理由管我啊	农药产品抽检	政策管制	
M36	叫我们去培训的时候也说过应该鼓励售卖生物农药，但也就说说，我们该怎么卖还是怎么卖，我们农资店要赚钱啊，店面成本那么高	生物农药激励		

注：采用与政府组织文本数据处理的相同方式，删除文本数据中重复出现频次小于3的初始概念；对于重复出现的类似概念仅选取有代表性的语句表征；访谈文本尽可能记录和保持受访者原话，仅少部分修正。

通过对市场组织文本数据的分析，最终获得34个有效概念，归类整理后合成16个初始范畴。在此基础上，通过主轴式编码的方式，进一步提炼归纳出影响市场组织推广生物农药的6个主范畴：农药产品认知、专业知识技能、市场利润空间、信誉声誉机制、产品研发供给、政策支持引导。各主范畴内涵及其关系表现如下。

一是农药产品认知，主要包含农药毒性认知和农药产品评价。农资店是推广农药产品的重要力量，是构建农药制药厂商和农户间农药商品流通桥梁的关键。一方面，农资店从制药厂商订购并向农户推介相应的农药产品，能从供给端促进生物农药推广；另一方面，农资店可以通过历年的农药销售量数据，反馈农户对农药的真实需求，继而可以从需求端促进生物农药推广。因此，对生物农药产品具有客观准确的认识，是农资店进行有效推广的关键。目前我国生物农药相较化学农药产品而言，虽然具有低毒、低残留和易降解的优点，但也确实存在药效慢、防治谱窄和价格贵等劣势。农资店必须对生物农药产品有客观充分的认知，不能利用信息不对称来片面地选择性宣传生物农药的优点而忽略其缺点，继而引发农户误解，阻碍生物农药的推广应用进程。

二是专业知识技能。生物农药产品相较而言在原料、工艺和操作标准上都与化学农药存在一定的差异，在农药使用的过程中要针对相应的技术差异作出适当的调整，才能发挥出生物农药应有的最大效应。例如，生物农药的药效发挥慢，所以"在施药时间上要提前"。而且涉及生物农药原料的特殊性，使用农药的过程中要注意生物农药（很多微生物农药）的活性问题，不能在高温多雨天气施药。可见，除了毒性、残留和降解度差异外，生物农药和化学农药还存在其他明显的技术差异。稻农如果在使用生物农药的过程中不注意技术差异特征，采用普通的化学农药使用标准施药，则必然会导致生物农药的使用效果大打折扣，继而引发稻农对生物农药"效果不好""假药""加大用量"等错误认知。因此，农资店经营管理人员具备专业的生物农药知识技能有助于其向农户传达正确的用药知识，继而更有效地传播和推广生物农药技术。

三是市场利润空间，主要包含农药成本价格、产品市场需求、产品宣传推介和产品盈利能力。生物农药产品的制药原料大多来源于自然物质，相较普通化学合成成分而言，制作成本更加高昂，使得生物农药产品的市场售价普遍偏高。当稻农无法支付或不愿意支付较高费用时，必然会选择"价廉"的化学农药。与此同时，无论是稻农以往的生产习惯，还是生物农药产品的不完善，都使得生物农药的市场消费需求低迷。在市场容量不足的情况下，农资店囤积和推广生物农药也会承担一定的经济风险。此外，类似于政府组织的反馈，市场组织也普遍认为生物农药产品的宣传应当由"农药制药厂商"提供"海报"等形式展开。农资店会更多出于自身的利益，向农民推销农药产品，只要能"赚钱"，无论是生物农药还是化学农药都可以被接受。可见，市场组织是典型的利润导向型主体，其生物农药的推广决策取决于生物农药的市场获利能力。

四是信誉声誉机制，主要包含市场信誉和市场声誉。农资店的经营场所一般具有较大的固定性，其服务的主要市场对象往往是周边的农户，使得农资店的管理运营也掺杂了"社会人"的属性。农民和农资店经营管理者之间很大程度上是"熟人"，至少双方"认识"彼此。农资店如果要长久保持盈利，则农药市场的消费量必须要高，不能导致周边顾客大量流失，这就要求农资店出售的农药产品必须具备"物美价廉"的特征。然而，我国生物农药产品依然存在"物不美，价不廉"等现实问题，例如，部分产品毒性不强导致的药效较不稳定，以及生产成本和制作工艺导致的市场价格较高。再加上农村"赊账"制度的存在，使得农资店经营管理者可能要承担由农药使用技术风险导致的"坏账"损失。相较而言，农资店经营管理者向农户推介普通高效的化学农药时，其经营风险能够得到更有效的控制。因此，在农村社会的信誉声誉机制下，更应该加大生物农药产品的技术研发力度，以降低生物农药产品的制作成本并提高药效，从而解决农资店推广生物农药的后顾之忧。

五是产品研发供给，主要包含农药产品与种类、农药产品供给和农药产品研发。从统计数据①来看，生物农药市场份额大概占所有农药市场总份额的13%，产品登记数量仅占农药总数量的2.9%。农资店经营管理者也普遍反映"生物农药产品少""好用的不多""并不是所有的病虫害都能用生物农药"等也正指出生物农药产品市场的弊端所在。在我国推广生物农药的进程中，不能一味地从农户的需求端出发，仅讨论"农户为什么不使用生物农药""如何促进农户使用生物农药"等问题，基于生物农药技术供给端的产品研发供给也是决定生物农药推广应用成功与否的关键。目前我国生物农药有效成分的开发利用速度较慢，使得市场上推出的生物农药产品种类不齐全，各制药厂商间的产品差异性较小。因此，如何更好地针对农药成分类别、水稻病虫害类别和农药助剂类别等来分阶段推进生物农药系列产品的研发，进而保障生物农药产品的市场有效供给，对于市场组织推广生物农药具有重要作用。

六是政策支持引导，主要包含政策宣传培训、政策补贴和政策管制。从样本地调研的实际情况来看，农资店经营管理者也是乡镇农技部门的主要培训受众，会不定期被邀请到指定的地方开展集中式培训与宣讲。化学农药减

---

① 数据来源于观研报告网，http://jingzheng.chinabaogao.com/huagong/06154c4622020.html，2020-06-15。

量替代是国家发展绿色高质量农业战略的重要内容之一,理应得到政府农业技术推广部门的重视,继而向农资店经营管理者传递国家政策导向需求,鼓励农资店经营管理者成为推广生物农药主体的一分子。当然,要想在短期内改变农资店以往成熟固定的化学农药市场售卖模式,必须得到政府部门的政策性引导与支持,通过补贴的方式引导市场组织生物农药推广行为。当市场组织推广生物农药产品效益大于推广化学农药产品时,其农药推广决策才有可能实现从化学农药到生物农药的转变。例如,开展生物农药的订购、运储和售卖补贴,可以显著降低农资店的生物农药推广运营成本,继而获得更大的市场利润。此外,通过开展激励、约束和监管等手段的政策管制,也有助于生物农药提升市场占有率,例如加大对化学农药的抽检力度,规范市场农药品种标识,鼓励生物农药产品的陈列等。可见,政策支持引导可以提升市场组织推广生物农药的动力,通过直接或间接方式实现生物农药产品对化学农药产品的市场替代。

4.3.4 政府与市场组织决策子系统的相互影响

为了进一步梳理政府组织与市场组织推广生物农药决策系统中各主范畴间可能存在的联系,对两者的主范畴开展可能的联结机理分析,主要内容如下。

对于政府组织生物农药推广决策子系统而言,绿色发展理念、农药减量规划、财政经费支持、技术人才支撑、减量风险成本和监管考核制度6个主范畴除了对政府组织的生物农药推广行为产生直接影响外,它们之间的作用也并非完全独立,可能存在一定的逻辑相关关系。例如,由于政府组织开展农业技术推广的主要行动目标是为政策服务,具有明显的政策导向性。那么,地方性农药减量战略规划的出台势必会引导相应的财政经费支持、技术人才支撑和监管考核制度的构建与完善,而财政经费支持也将影响政府组织的减量风险和成本。绿色发展理念则是政府组织推广生物农药的政策理念,也会提升地方政府出台农药减量战略规划的动力。总的来说,绿色发展理念、农药减量规划、财政经费支持、技术人才支撑、减量风险成本和监管考核制度等在政府组织决策子系统内交互影响,并最终一起影响到政府组织推广生物农药的决策。

对于市场组织生物农药推广决策子系统而言,农药产品认知、专业知识技能、市场利润空间、信誉声誉机制、产品研发供给、政策支持引导6个主范畴除了对市场组织的生物农药推广行为产生直接影响外,它们之间的作用也并非完全独立,可能存在一定的逻辑相关关系。其中作为营利性组织,追求市场利润最大化是其作出生物农药推广决策的根本因素,即市场利润空间将在该子系统中发挥决定性作用。而产品研发供给是保障生物农药市场利润可持续的重要因素,政策支持引导则能降低市场组织的生物农药推广运营成本,提高生物农药产品的市场利润率。而且政策支持引导的手段中也可以通过对农资店经营管理者开展农药知识培训、国家政策解读和农药产品市场分析等,进一步提高市场组织的农药产品认知和专业知识技能。当农资店经营管理者能凭借自身具备的专业知识技能积累,向农民推介科学合理的农药产品时,其信誉声誉机制发挥的积极效应也会更大。总之,农药产品认知、专业知识技能、市场利润空间、信誉声誉机制、产品研发供给和政策支持引导在市场组织决策子系统内交互影响,并最终影响到市场组织推广生物农药的决策。

此外,政府组织与市场组织的生物农药推广决策子系统间也会存在相互影响。例如,影响政府组织决策的财政经费支持与影响市场组织决策的政策支持引导间存在密切关联,只有获得足够的财政经费支持,政府组织才有可能在当地对农民或农资店经营管理者开展生物农药补贴、示范、宣传和培训活动。在此基础上,政府组织的技术人才支撑也间接地影响市场组织的专业知识技能,政府组织制定出台的农药管制政策也会规范和引导市场组织的决策行为。类似地,稻农在该系统中也会和市场组织、政府组织间存在相互影响。

综合以上博弈、仿真与文本数据分析的内容来看,我们可以构建政府组织、市场组织和稻农三主体间决策子系统间的内在联系,[①] 绘制出生物农药推广使用决策系统中三主体决策间的相互影响路径,详见图4-14。

[①] 由于本章主要论证市场组织和政府组织的生物农药推广决策,因此在图中弱化了稻农使用生物农药决策的影响因素。

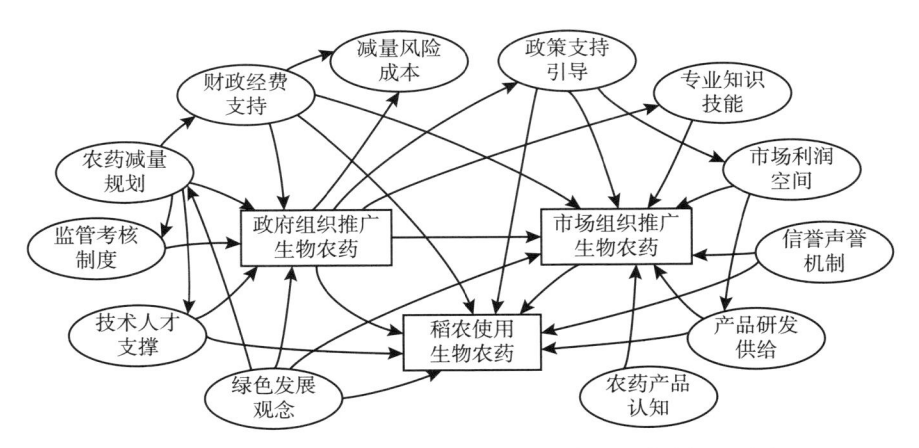

第4章 技术推广主体的生物农药推广行为及动态博弈分析

图 4-14 政府组织、市场组织和稻农决策子系统的相互影响

4.4 本章小结

本章基于三主体动态演化博弈理论，论证市场与政府组织的生物农药推广决策行为逻辑。不仅纳入稻农决策情境，构建政府组织、市场组织和稻农的三主体推广使用生物农药决策的动态演化博弈模型，而且在合理的参数赋值情境下，利用 Matlab 软件进行对三主体决策的演化路径进行仿真，论证在何种情境下政府组织与市场组织会作出推广生物农药的决策。在此基础上，结合农业技术推广站管理人员和农资店经营管理者的访谈文本数据，利用文本分析法依次分析了影响政府组织和市场组织决策的综合因素。本章得出的主要结论如下。

（1）单个主体的决策动态演化博弈结果表明，政府组织推广生物农药的概率会随着市场组织推广生物农药和稻农使用生物农药的概率的下降而增加，市场组织推广生物农药的概率则随着政府组织推广生物农药概率和稻农使用生物农药概率的增加而增加，稻农使用生物农药的概率随着市场组织推广生物农药概率的增加而增加。且政府组织、市场组织和稻农的决策均衡演化会受到财政经费支持、市场利润和生物农药效用等因素的影响。

（2）政府组织、市场组织和稻农三主体决策系统动态演化博弈结果表明，政府组织、市场组织和稻农构成的生物农药推广使用系统均衡受到系统各参数的影响。在政府组织获得的财政经费支持非常少,满足 $f<b_2q-\nu$ 时,得到的系统稳定演化策略 ESS 为 $E_1(0,0,0)$,并在市场组织宣传成本较低,满足 $c<p_1$ 时,系统 ESS 会演化为 $E_6(0,1,1)$;在政府组织获得的财政经费支持处于中等水平,满足 $b_2q-\nu<f<(b_1+b_2)q$ 时,在 $c>b_1-p_2$ 情境下,系统 ESS 将演化为 $E_2(1,0,0)$,在 $c<p_1$ 时则演化为 $E_6(0,1,1)$;在政府组织获得的财政经费支持非常多,满足 $f>(b_1+b_2)q$ 时,ESS 会演化为 $E_2(1,0,0)$ 和 $E_8(1,1,1)$,但随着市场组织的补贴 b_1 的降低,满足 $b_1<c+p_2$ 时,系统 ESS 将演化为 $E_2(1,0,0)$。

(3) 在动态演化博弈理论推导的基础上,通过 Matlab 软件实现三主体系统决策仿真。结果表明,一是系统决策演化的路径均符合理论推导结果,在不同的条件下均最终呈现出 6 种稳定演化均衡决策组合。二是在政府组织、市场组织和稻农决策组合（1,1,1）的情境下进一步验证发现,政府组织推广生物农药的初始概率增加,会缩短系统三主体决策演化所花费的时间。市场组织推广生物农药的初始概率增加,则会延长政府组织决策的演化时间,缩短稻农决策的演化时间。稻农使用生物农药的初始概率增加,使得市场组织会更快地作出推广生物农药决策响应。

(4) 通过对农技站和农资店访谈文本数据的文本分析法分析发现,绿色发展理念、农药减量规划、财政经费支持、技术人才支撑、减量风险成本和监管考核制度 6 个主范畴对政府组织的生物农药推广行为产生直接影响。农药产品认知、专业知识技能、市场利润空间、信誉声誉机制、产品研发供给、政策支持引导 6 个主范畴对市场组织的生物农药推广行为产生直接影响。且主范畴间的联结机制表明,政府组织与市场组织的生物农药推广决策子系统内部、子系统之间也会存在相互影响。可见,在生物农药推广进程中要兼顾多主体的共同利益,实现政府组织、市场组织与稻农决策系统的激励相容。

第 5 章

稻农生物农药使用决策依赖及形成机理分析

基于农业生产分工理论可知，随着我国农业技术推广体系的不断完善，农户自主学习病虫害防治技术的机会成本越来越高。农业病虫害防治社会化服务组织完全可以替代农户执行农作物"看病开药"环节的工作，使得农户在农药使用中的决策依赖程度越来越高。此外，生物农药技术相较化学农药而言，具有更严格的技术操作标准，例如要严格控制生物农药使用的浓度、时间、气候环境和靶向部位等，对生物农药的使用对稻农专业技术提出更高的要求，导致农户可能更易产生外部决策依赖。

本章聚焦于稻农生物农药使用决策依赖，厘清两个问题：一是稻农生物农药使用决策依赖的现状和特征是什么？二是稻农生物农药使用决策依赖形成的机理和影响因素有哪些？从现有文献资料来看，已经有非常丰富的实证研究论证了外部技术推广主体提供的技术指导对规范和引导农户生物农药使用行为产生的有益影响（郭利京、王少飞，2016；宋燕平、李冬，2019；畅华仪等，2019），也有学者重点关注了公益型和盈利型农技推广组织的施药建议对农户生物农药使用决策的影响（Wuepper et al.，2021）。较少有文献关注农户农药使用"决策依赖"的现象，更没有研究进一步解析农户为什么会选择"听从"外部技术主体施药建议的内在逻辑机理。然而，回答以上问题对于理解农户的农药选用行为逻辑，探索稻农农药使用规律和提升生物农药推广效率具有重要的理论与实践指导价值。

本章的主要内容包括三个部分：其一是聚焦于稻农农药使用外部技术指导的特征化事实，设计题项对稻农的农药使用决策依赖进行测度，并归纳稻农的决策依赖典型特征；其二是基于农户有限理性理论，从信息不完全的视角，诠释稻农生物农药使用决策依赖产生的原因，构建稻农决策依赖形成机理的理论分析框架；其三是构建计量实证模型，利用样本稻农数据验证理论分析部分提出的研究假设，并重点分析稻农农药使用决策依赖的影响因素。

5.1 农药使用技术指导与决策依赖测度

5.1.1 农药使用外部技术指导

1. 农技站的农药使用技术指导

《中华人民共和国农业法》《中华人民共和国农业技术推广法》均指出，农业技术推广服务中心要负责"组织实施重大病虫害监测与控制"，要定期开展预测、评估等工作，并建立全国农作物病虫害预警系统，以网站留言、手机信息、张贴通知等形式发布防控通知，由当地农技站为农民提供农药使用建议。为广大稻农提供病虫害防控与农药使用建议是政府农技部门的基本职能之一，农民也可以主动向农技站咨询与病虫害防控相关的技术信息。早在2000年湖北省人民政府常务会议就审议通过并执行了《湖北省农作物病虫测报管理办法》①，其中明确了农作物病虫害防控技术指导的相关要求，部分内容摘录如下：

> 第三条　农作物病虫测报是指……调查田间病虫基数、病虫发生动态……对病虫未来发生趋势作出分析和判断，并通过一定的途径和方式向社会公开发布。

> 第十三条　各级广播电台、电视台及政府指定的报纸、互联网站和电信信息台应及时播发、刊载和传递……适时发布农作物病虫预报。

结合本书调研实际收集的部分材料，当地农业技术推广体系也会通过官方网站、微信公众号、现场培训、植保要报传单等形式定期发布水稻病虫害

---

① 详见《湖北省农作物病虫测报管理办法》全文文本，https://baike.so.com/doc/25760216-26894631.html。

预警通知。我国大部分省份的农作物病虫测报已经具备专门的病虫害防控定人、定岗和定责等法律制度设计。此外,湖北省选拔一批具有丰富理论与实践经验的专家学者团队,开通公益"三农"服务热线"12316",为全省农业生产者提供在线免费咨询服务,其中病虫害防控就是核心内容板块之一。

从预警通知的具体内容来看,不仅详细表述了水稻病虫害发生的时间、气候特征、病害名称或类型、持续时间等内容,还对防治病虫害的手段与方法提供详细的建议供水稻种植户参考,其中对农药产品的配比与使用方案就非常明确。详细内容见以下两份材料摘录。

材料一: 摘录自湖北省荆州市人民政府官网农业农村局2019年发布的《植物病虫情报第十期——7—8月水稻主要病虫害发生趋势及7月病虫防控意见》[①],其中农药使用建议部分内容如下:

防控二化螟:①40%氯虫·噻虫嗪(福戈)水分散粒剂8克;②20%唑磷·毒死蜱乳油100毫升;③55%杀单·苏云菌可湿性粉剂120克。兼治稻纵卷叶螟、大螟。

防控稻飞虱:①25%吡蚜酮可湿性粉剂16克;②25%噻嗪·异丙威40克;③80%吡蚜酮·烯啶5-10克;④阿克泰(25%噻虫嗪)4克。

防控稻瘟病:①75%拿敌稳10-15克;②20%稻瘟酰胺80-100克;③恒清(20%井·烯·三环唑)80克;④27.12%铜高尚悬浮剂60毫升;⑥20%亲苗(咪鲜·己唑醇)20-40克;7乐米佳(33%己唑醇·稻瘟灵)60-80毫升;其中,拿敌稳、铜高尚、亲苗、乐米佳、恒清可以兼治纹枯病。病害发生严重田块要添加促系的叶面生长调节剂安泰生或富若根或碧护和叶面有机肥等一同喷施,以提高防效,防治次数2-4次,间隔7-10天。

材料二: 摘录自湖北省黄冈市蕲春县农技推广中心的《蕲春植保》2020年8月总第168期,《第四代稻纵卷叶螟发生趋势预报》,其中农药使用建议部分内容如下:

防治药剂。单位面积按照20%含量的氯虫苯甲酰胺悬浮剂10毫

---

① 数据来源于荆州市人民政府网站,链接http://www.jingmen.gov.cn/。

升+15%含量的多杀·茚虫威悬浮剂20毫升（或15%甲维·虫螨腈悬浮剂30毫升），兑水后均匀喷雾。

另要注意结合防治稻飞虱，每亩加配10%三氟苯嘧啶悬浮剂16毫升或25%吡蚜酮悬浮剂20－40毫升或80%烯啶·吡蚜酮水分散粒剂8克；同时注意兼治纹枯病和稻曲病，每亩加配30%苯醚·丙环唑乳油20毫升或24%井冈霉素A水剂20克等。为提高防治效果和防止施药后雨水冲刷，配药时每桶水加激健7.5毫升。

从以上两份水稻病虫害预警通知中对病虫害防治使用的农药配比建议方案来看，病虫害防治的农药使用方案较为齐全，农药使用的时间、剂量与品种等信息十分明确。如果稻农能获得类似病虫害预警通知的技术指导，在适当的时间通过购买指定农药产品，并执行农药喷洒方案，则能有效地防治水稻病虫害的发生。

2. 农资店的农药使用技术指导

农药零售商直接联系农药制作企业与农户，是对接生物农药产品供给与需求的重要枢纽。农药零售商不仅向农民销售农药，还实现了部分病虫害防治信息的有效传递，对农民的农药使用行为具有一定的指导和规范作用。当零售商向农民介绍各种杀虫剂产品时，他们会以"口头声明"或"简化标签"（Jallow et al.，2017；Bagheri et al.，2019）的形式告知农药的功能和使用技巧，以便农民能够更轻松地理解如何正确使用农药。在现实生活中，不仅农药零售商有责任和义务向稻农提供相关技术指导服务，而且大部分稻农也确实需要农药零售商提供农药使用的技术指导。

第一，农药零售商有责任和义务向稻农提供农药使用技术服务。在2017年修订实施的新《农药管理条例》中对于"农药经营"相关章节内容的表述中，规定了以下内容：

> 第二十一条　供销合作社的农业生产资料经营单位，植物保护站，土壤肥料站，农业、林业技术推广机构，森林病虫害防治机构，农药生产企业，以及国务院规定的其他单位可以经营农药。
>
> 第二十六条　农药经营单位向农民销售农药时，应当提供农药使用技术和安全使用注意事项等服务。
>
> 第三十一条　各级农业技术推广部门应当大力推广使用安全、高

效、经济的农药。

在《农药管理条例》的基础上，2018 年，农业农村部修订实施了《农药经营许可管理办法》，其中部分内容对农药经销商也提出相应的要求：

> 第七条 农药经营者应当具备下列条件：有农学、植保、农药等相关专业中专以上学历或者专业教育培训机构五十六学时以上的学习经历，熟悉农药管理规定，掌握农药和病虫害防治专业知识，能够指导安全合理使用农药的经营人员……

从制度规定的内容中可以知道，其一是农药经销商必须具备一定的农药"专业"知识与技能，能够合理科学地指导稻农科学使用农药；其二是农药零售商"应当"向农药购买者讲述和传达必要的注意事项和使用规则，在出售农药时有责任和义务提供农药使用相关技术指导；其三是零售商要优先推广"安全、高效、经济"的农药产品，且高毒违禁化学农药的售卖会得到相应的刑事处罚。

第二，稻农确实需要农药零售商提供农药使用技术指导。目前市场上流通出售的水稻病虫害防治的农药产品数量庞大，农户无法依靠自身的知识经验从琳琅满目的农药商品货架上挑选出最合适的农药产品。仅以水稻常见的稻纵卷叶螟这一种虫害的防治为例，中国农药信息网检索到的有效登记在册的农药产品就多达 1073 种，[①] 包含茚虫威、阿维菌素、甲维盐等多种成分，乳油、可湿性粉剂、悬浮剂等多种剂型，5%、20% 和 40% 等多种含量，以及不同商家的品牌。加上水稻病虫害具有变异性与多样性特征，大多数稻农，特别是年轻的水稻种植户，无法在病虫害来临之时，准确地辨识病虫害类型和选购正确的农药品种，而可能更多是充当"寻医问药"的角色。

此外，目前我国农业生产劳动力普遍存在老龄化和低教育水平的情况。农药产品标签的可识别性较差，部分中老年水稻种植户在选购农药产品的时候需要听取经销商的推介和讲解，以更好地理解和掌握农药的使用药效、使用方法和注意事项等信息。实际调研中发现，不少稻农表示农药包装上的标签信息普遍存在"字太小""有的字认不全""很多字不常见""字太多太

---

① https://www.chinapesticide.org.cn/hysj/index.jhtml，检索时间为 2020 年 12 月 13 日。

密集"等情况。而且农药标签信息中的科学剂量单位（升（L）、毫升（ml）、千克（kg）、公顷（hm^2）等）与农户常用计量单位（袋、包、瓶、亩等）存在较大差异。需通过农药经销商的"口头说明"和简化标签等方式使得农药使用的技术信息更加容易被稻农理解和记忆。

3. 邻里乡亲农药使用技术指导

农户具有社会人属性，其农业生产用药行为也受到周边农业生产者行为的影响。部分学者论证的农户农药使用行为呈现的"羊群效应""邻里效应""示范效应""社会网络关系"等，都阐明了农户可能向周边农户学习或模仿农药使用行为。一般而言，种植大户、农业合作社、家庭农场和科技示范户等农业新型经营主体以及左邻右舍的亲朋好友都有可能成为农户学习模仿的主要对象，这也是农业生产技术在农户与农户之间扩散与外溢的常见过程。实际调研过程中部分稻农的阐述如下。

素材一：黄冈市英山县金家铺镇黄林冲村村民吴贤华（男，55岁）访谈

我自己有时候太忙，在外面做小工（镇上建筑工地），回家的时间也不固定，一般都是我老婆在家，她也不认识什么虫害，就是看到别人用什么农药，她就买什么农药，一般病虫害都差不多……

素材二：黄冈市蕲春县刘河镇青峰村村民余志飞（男，45岁）访谈

以前我的地都是我老父亲种，我都是在外面打工，近几年才回来种田，说实话有的病虫害我不是很认识，我都是问懂的人，比如老一辈、种了很多年田的乡亲。他们会告诉我得了什么病，要用什么农药……

素材三：荆门市钟祥市长滩镇桥畈村村民谢家凤（女，48岁）访谈

村子里地块附近的稻谷打药的时间都是比较集中固定的，看到别人打药了，你就知道你的田也要打药了，不打药就被虫吃了……

素材四：襄阳市南漳县九集镇汪家井村村民鄢照权（男，65岁）访谈

以前卖的农药现在很多都买不到了，现在我就是看谁用的农药好。我们村里有时候村民在一起聊天会讲到一些，等来年自己就买那些他们都说好的农药回来用……

当然，访谈的样本中远不及以上内容，在此仅列举部分典型的访谈代

表。从访谈内容上来看，由于务农机会成本高、经验不丰富、病虫害转移、产品更新速度快等原因，农户或多或少地受到周边农户农药使用行为的影响。从邻里乡亲获得农药使用技术不仅降低稻农农药技术的信息获取成本，减少农业生产的时间与精力投入，还有助于降低新农药产品带来的技术风险，带来更有保障的粮食产出。此外，部分学者认为中小农户生产行为决策往往具有羊群效应（杨唯一，2015），大量分散的小农户会模仿种植大户和种植能手的生产决策。

4. 农药使用的其他技术指导

除了以上农技站、农药经销商和邻里、乡亲之外，农户还有可能获得农药生产企业、农药研发机构、学校与科研单位、村干部等其他主体提供的农药使用技术指导。典型的指导行为是以上主体免费给农户发放、宣传和推荐新上市的农药产品。现实调研中也有部分稻农使用了这种"不要钱"或"低价"的方式获得的农药产品，进而也会尝试在水稻病虫害防治过程中使用。

5.1.2 稻农农药使用决策依赖

借鉴现有研究中"依赖"的概念与范畴（Gulati and Sytch，2007；李诗瑶、蔡银莺，2018；李文静、张朝枝，2019），本书已将农药使用决策依赖界定为稻农在水稻生产的病虫害防治时，在决定何时使用农药、使用何种农药与使用多大剂量农药的决策过程中，外部主体提供的建议和技术指导对稻农农药使用行为的影响。即当稻农使用农药的决策完全依赖自身以往的生产经验时，就没有对外部形成依赖。反之，稻农使用农药的决策听取了外部技术指导主体的建议时，则存在农药使用技术决策依赖。决策依赖概念的典型特征就是稻农无须靠自己个人能力去判定农药使用的时间、品种和剂量，直接执行外部技术指导主体提供的农药使用技术方案即可实现病虫害有效治理。

总的来看，其一是稻农的农药使用决策可以被划分为三个子决策：何时使用农药、使用何种农药、使用多大剂量农药；其二是稻农在获取外部技术指导的过程中形成的技术依赖对象可以是农技站、农药经销商、邻里乡亲和其他主体。据此,本书在调查问卷中设计了三个题项对使用生物农药稻农的农药使用决策依赖进行测度:(1)对稻农农药使用时间决策依赖的测度题项为"您病虫害防治时,在判定水稻何时该使用农药上是否听取他人建议?若是,则您主要听取谁的建议?"回答选项设定为"1=个人经验,2=农技站,3=农药经销商,4=邻里乡亲,5=其他主体";(2)对稻农农药使用品种决策依赖的测度题项为"您病虫害防治时,在判定水稻该使用什么品种农药上是否听取他人建议?若是,则您主要听取谁的建议?"回答选项设定为"1=个人经验,2=农技站,3=农药经销商,4=邻里乡亲,5=其他主体";(3)对稻农农药使用剂量决策依赖的测度题项为"您病虫害防治时,在判定水稻该使用多大剂量农药上是否听取他人建议?若是,则您主要听取谁的建议?"回答选项同样设定为"1=个人经验,2=农技站,3=农药经销商,4=邻里乡亲,5=其他主体"。

需要说明的是,通过以上题项测度的过程中可能存在两个问题:其一是农药使用决策信息来源的非单一性问题,稻农可能同时听取了农技站和农药经销商的建议,例如农技站和农药经销商都建议稻农使用"井冈霉素",那么稻农最终达成使用"井冈霉素"农药决策的信息来源可能是多主体的。因此,研究团队将题项设置成多选,以尽可能地囊括稻农农药使用决策依赖的信息量。其二是使用农药的最终决策者始终是稻农,那么即使稻农从农技站、农药经销商、邻里乡亲和其他外部主体获取技术决策信息,也可能存在将技术吸收转化为"个人经验",从而没有对外部主体形成"依赖"。因此,调研访问中本书进一步将外部主体提供的技术指导信息的时间设定为"进行病虫害防治时",外部主体提供的"技术指导"不是稻农以往的经历,而是发生在稻农进行病虫害防治的时间段。

1. 稻农农药使用决策依赖的测度结果

通过上述测度方法,本书从施药时间、施药品种和施药剂量3个维度对稻农的农药使用决策依赖度进行测度:从稻农农药使用决策依赖的环节统计结果来看,施药时间、施药品种和施药剂量完全依赖个人生产经验来决策的样本仅占比4%,其中有1项农药使用决策依赖外部主体的样本占比7%,有2项农药使用决策依赖外部主体的样本占比15%,而3项农药使用决策均依赖外部主体的样本占比达到74%。由此可见,稻农在病虫害防治中的农药使用决策或多或少都会依赖外部主体提供的技术信息，很少有稻农单纯依靠个人经验施药。

从稻农农药使用决策依赖的外部主体的统计结果来看（见图5-1），平均而言在整个农药的使用决策阶段，41.77%的稻农依赖自身经验使用农药，29.28%的稻农听取了农资店的建议，48.70%的稻农听取了农技站的建议，4.70%的稻农通过观察邻里乡亲行为施药，17.03%的稻农则通过其他方式使用农药。统计结果再次表明，大部分稻农需要依赖外部主体来获取技术信息以决定如何使用农药，而农资店和农技站是稻农获取技术信息的两个重要来源对象。

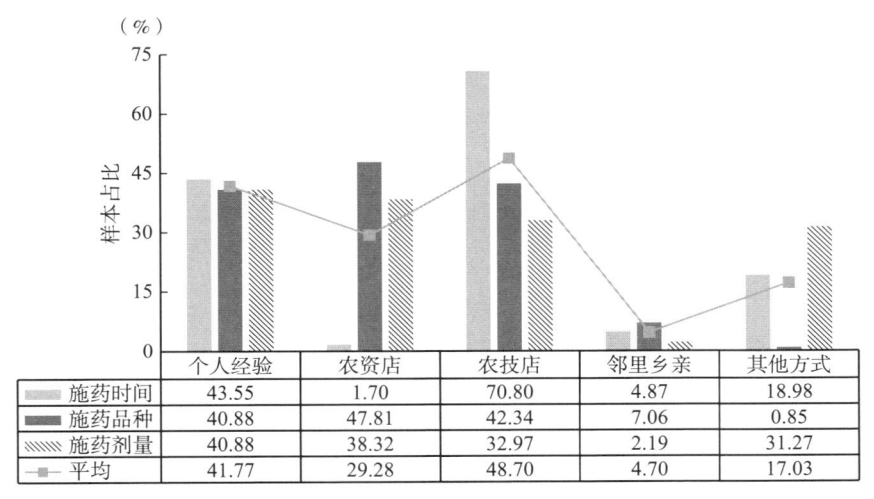

	个人经验	农资店	农技站	邻里乡亲	其他方式
施药时间	43.55	1.70	70.80	4.87	18.98
施药品种	40.88	47.81	42.34	7.06	0.85
施药剂量	40.88	38.32	32.97	2.19	31.27
平均	41.77	29.28	48.70	4.70	17.03

图5-1 稻农的农药使用决策依赖测度结果

在稻农施药时间的决策依赖方面。选择适当的时间使用农药来杀灭或抑制病虫害至关重要，时间的选定不仅影响药效的最大化发挥，而且与农药降解周期存在密切联系。图5-1结果显示，样本稻农中43.55%凭借个人经验决定何时使用农药，1.70%的稻农听从农资店的建议，70.80%的稻农听从农技站的建议，4.87%的稻农通过观察邻里乡亲的行动确定施药时间，18.98%的农户则通过病虫害发生、水稻生长阶段等其他方式决定施药时间。调研样本地区实地发现，其一，农技站工作人员会在水稻生长期经常走访田野间，进行病虫害预测、预报、预警和植保植检等工作，并会在重大病虫灾情暴发之前，通过手机短信、传单和网络通知等方式向广大水稻种植户提供病虫害防控提醒与建议。其二，稻农自身在病虫害防控的时间节点判断上总是延误的，稻农判断是否应该打药的标准大多是"看到了有虫子或病害"。而当水稻病虫害大面积发生到足以被农户观测到时，其实已经失去最佳的农药使用时机。总的来看，农技站在稻农决定"何时使用农药"的决策过程中发挥了重要作用，绝大部分的稻农表示在水稻病虫害防控时期会等待农技站发出的手机短信通知或村委宣传公告。

在稻农施药品种的决策依赖方面。目前我国农药产品有效登记数量近5万种，农药市场上的产品丰富且繁杂，加上不同地区、不同市场和不同品牌的农药存在较大差异，导致在农药的使用品种选择上稻农也可能需要得到外界的技术指导。图5-1显示，样本中40.88%的稻农凭借个人以往的生产用药经验决定使用何种农药产品，47.81%的稻农听取农资店的推介，42.34%的稻农听取农技站的建议，7.06%的稻农通过观察邻里乡亲的施药品种，0.85%的农户则通过其他方式决定施药品种。调研发现：其一，很少有稻农能清晰地记住以往年份使用的农药产品全称，类似于"九康楝素杀虫剂""兴柏呋虫胺""氯虫苯甲酰胺"等复杂的农药产品名称很难被记忆，导致仅少部分稻农能记住常年使用、当地有名或简单易记的个别农药产品。其二是农药经销商会主动询问稻农的病虫害防控需求，进而针对性地推介店内尚具有存货的农药产品。而且农技站在病虫害预警预报通知中也会针对相应的病虫害，提供1~3个可行的防治方案供农户参考。稻农参照农资店或农技站给出的农药使用产品推介信息，即可实现病虫害有效防治。总的来看，农资店和农技站在稻农决定使用"何种农药产品"的决策过程中发挥了重要作用。

在稻农施药剂量的决策依赖方面。农药使用剂量的合理性关乎农药残留量与农药使用效率，也是实现农药减量增效的关键。稻农现实生活中农药使用剂量的直接体现主要是"每瓶农药喷洒多大面积稻田""每瓶农药使用需要兑多少升水量""是否按照说明书标准剂量施药"等问题。从图5-1的数据统计结果来看，样本中40.88%的稻农通过以往的个人经验确定施药剂量标准，38.32%的稻农听取农资店的施药剂量建议，32.97%的稻农听取农技站的建议，2.19%的稻农参考了邻里乡亲的施药剂量标准，31.27%的稻农则是通过科技示范户和施药器具等其他方式确定施药剂量。调研中发现：

其一，关于施药剂量的外部技术指导大多以文字呈现，农户对于不同农药种类及其使用剂量组合方案记忆模糊，加上施药剂量的科学单位（kg、g、mL、L、hm²）与农户常用单位（斤、瓶、袋、桶、亩）间的差异，使得现有农药使用技术指导效果不佳。其二，风险厌恶型农户大多会选择结合自己的生产经验来选择"多施"于农资店或农技建议的"标准"，以确保水稻病虫害能够被迅速有效控制。总的来看，稻农在决定使用"多大剂量农药"的决策过程中，受个人经验的影响最大，其次是农资店和农技站的建议。

此外，作为独立生产单元的稻农，由于存在较大的个体差异性，也可能会呈现出不同程度的技术依赖特征（夏雯雯等，2019；操敏敏等，2020；黄炎忠等，2020；齐振宏等，2020）。本书从稻农生产规模、年龄、受教育程度、生产组织形式和兼业等个体特征视角，分析农药使用的决策依赖，继而解析现实生活中哪一类农户更容易产生农药使用决策依赖的问题。具体则是运用 SPSS.19 软件，采用 Duncan's Multiple Range Test 方法，绘制统计分析交叉表，以最终的 ANOVA 单因素[①]分析结果来检验子样本间的均值差异是否显著。结果发现：不同生产规模、户主年龄、受教育程度、生产组织形式、兼业状态等稻农的农药使用决策依赖特征存在差异。表现为小规模稻农在施药品种上更依赖农技站；老年稻农在施药品种上更依赖农技站，中年稻农在施药剂量上更依赖农药经销商；受教育程度低的稻农在施药剂量上更依赖农药经销商；专业合作社组织成员在施药品种与剂量决策上更依赖合作组织；兼业 6 个月及以下的稻农在施药剂量决策上更依赖农药经销商，兼业 6 个月以上的稻农在施药剂量决策上更依赖农技站。

2. 稻农生物农药使用决策依赖的测度结果

生物农药技术相较化学农药而言，在农药使用浓度、时间间隔、气候环境和靶向部位等方面，对农药使用者提出更严格的专业技术操作要求，导致农户可能更易产生外部决策依赖。因此，我们进一步对 626 个使用生物农药的样本稻农的农药使用决策模式进行再统计，得到图 5-2 所示的结果。

[①] 通过组内变异系数、组间变异系数均方差计算 F 统计量，继而判定组间差异的显著性情况。

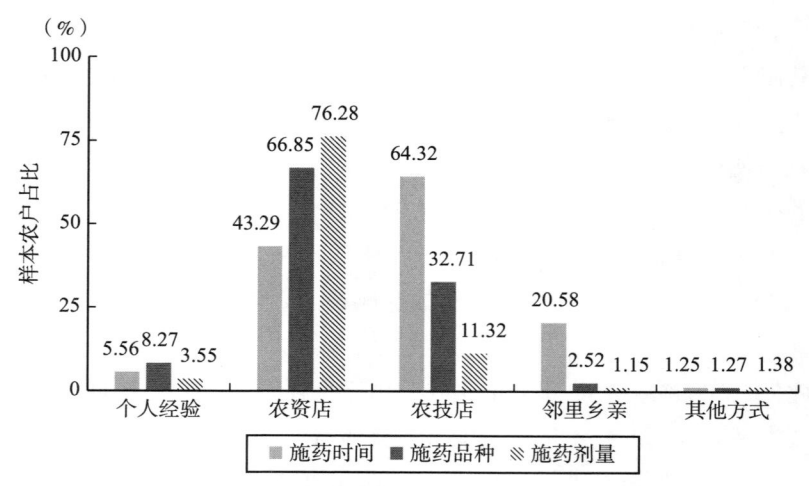

图 5-2 稻农生物农药使用决策依赖的统计结果

从生物农药使用的品种决策依赖的统计结果来看，66.85%的农户的生物农药产品购买受到农资店推介，32.71%的农户则听从农技员的建议，仅8.27%的样本农户依赖个人以往的生产经验进行选择决策。从生物农药使用时间决策依赖的统计结果来看，43.29%、64.32%和5.56%的农户分别在农资店、农技员和个人经验的指导下使用生物农药。从生物农药使用剂量决策依赖的统计结果来看，76.28%、11.32%和3.55%的样本农户分别在农资店、农技员和个人经验的指导下确定生物农药使用剂量。总体结果来看，该数据结果与图5-1结果存在明显差异，生物农药使用的外部决策依赖程度更高，且农资店和农技站对稻农生物农药使用决策的影响更大。

5.2 稻农生物农药使用决策依赖形成机理的理论分析

5.2.1 稻农生物农药使用决策依赖的行为逻辑

本书将以有限理性理论阐述稻农决策依赖的形成机理，即稻农所具备的病虫害防控信息掌握程度和计算能力都是有限的。区别于传统的行为经济学理论，新制度经济学理论认为人在有限理性的情况下无法实现利润最大化或效用最大化决策（杨国忠等，2012）。稻农自身所具备的病虫害防控知识信息并不完全，因此无法在现实情境下作出最优的农药使用决策（见图5-3）。例如，当水稻病虫害发生时，稻农不仅要准确地识别和判断病虫害发生种类、面积和危害程度，还要掌握市场上生物农药产品品种和价格信息，要准确了解生物农药产品的功效，继而科学制定适当的用药策略，在此基础上采用恰当的喷施方法。更重要的是，现实环境下水稻病虫害会产生抗药性和变异，加上生物农药市场产品更替和变化，导致稻农用药决策效果存在较大的不确定性。稻农在有限理性下的生物农药使用决策，无法达到理论最优均衡点。当然，如果行为主体可以发挥自身的认知与信息处理能力，能够适应和处理环境中的不确定性风险，则有限理性的实现程度就可能更高（何大安，2004）。

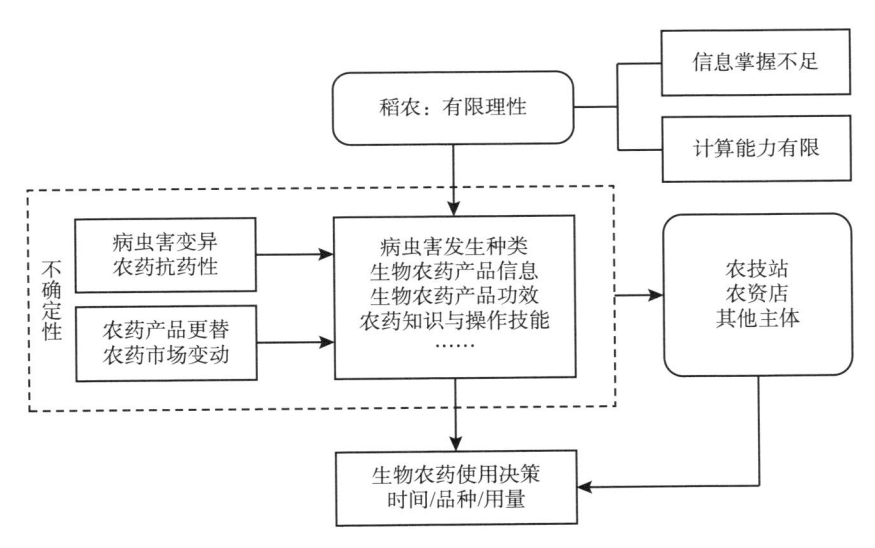

图5-3 有限理性下的稻农生物农药使用决策

如果假定稻农的有限理性程度可以代表实现目标效用的高低，则虽然稻农无法实现"最优"决策，但也会利用自身能力尽可能地作出"满意"决策。稻农在不确定性环境和信息不完全状态下，凭借自身有限的认知能力进行病虫害防治，其有限理性决策目标效用不仅是实现利润最大化，还有降低水稻生产风险等其他目标（刘莹、黄季焜，2010）。我们将稻农目标效用函数表示为：

$$U(\pi, R) = F(A \mid E, I, \delta) \qquad (5-1)$$

式（5-1）中，π 和 R 为水稻生产的利润与风险，A 指稻农具备的病虫害识别、农药使用能力等；E 表示环境不确定性，指农药市场变动与病虫害变异等；I 表示信息不完全程度，指稻农对病虫害和生物农药完全信息的掌握程度；δ 为随机变量，指其他影响稻农目标效用的因素，例如食品观念、环保意识和社会规范等（黄炎忠等，2020）。

当水稻病虫害发生时，稻农短期内根据自身有限的能力和信息作出的用药决策可以被视为稻农有限理性实现的下限。当然，随着经验的积累以及外部资源的补充利用，可以提升稻农的有限理性程度，继而改变病虫害防治能力水平、减少环境不确定性和改善信息不完备程度，我们将稻农充分利用外部资源所能作出的最佳决策设定为理性实现的上限。则稻农最终实现理性程度的变动为：

$$\Delta U_1 = U(\pi, R) - U(\pi_d, R_d) = F(A \mid E, I, \delta) - F(A_d \mid E_d, I_d, \delta_d) \qquad (5-2)$$

$$\Delta U_2 = U(\pi_m, R_m) - U(\pi, R) = F(A_m \mid E_m, I_m, \delta_m) - F(A \mid E, I, \delta) \qquad (5-3)$$

式（5-2）和式（5-3）中，π_d、R_d、A_d、E_d、I_d、δ_d 表示稻农在病虫害发生时短期内自身的状态，而 π_m、R_m、A_m、E_m、I_m、δ_m 则表示稻农完全充分利用外部资源在病虫害防治上可达到的潜在上限状态。现实生活情境下 ΔU_1 和 ΔU_2 均大于或等于 0，则稻农最终的决策目标效用存在一个取值范围：

$$F(A_d \mid E_d, I_d, \delta_d) \leq F(A \mid E, I, \delta) \leq F(A_m \mid E_m, I_m, \delta_m) \qquad (5-4)$$

稻农最终的决策效用取值介于短期自身真实有限理性实现程度和完全充分利用外部资源实现有限理性潜在值之间。稻农决策目标效用能实现的最大值取决于 $F(A_m \mid E_m, I_m, \delta_m)$，即提升病虫害防控能力、减少环境不确定性和改善信息不对称程度是关键。至此，我们可以再引入外部主体（农技站、农资店和新型农业经营主体）因素。当稻农具有外部主体的技术指导时，稻农最终的决策目标效用函数能实现的有限理性程度：

$$U^* = F(A + A' \mid E, I, \delta, E', I', \delta') \qquad (5-5)$$

式（5-5）中，U^* 为稻农病虫害防控的最终决策效用；A'、E'、I' 和 δ' 指外部主体在应对水稻病虫害过程中呈现的能力、环境不确定性、信息不对称程度和其他因素。由此可见，有限理性稻农会通过依赖外部技术主体来扩张自己的病虫害防治知识能力界限，降低环境不确定性带来的风险，增加信息的完备度，继而实现更高的效用目标，使得 $F(A+A'|E, I, \delta, E', I', \delta')$ 更趋近于 $F(A_m|E_m, I_m, \delta_m)$。因此，若农技站、农资店和其他农业新型经营主体的病虫害防控信息掌握程度和计算能力优于稻农，则稻农依赖外部主体使用生物农药所能实现的有限理性程度越高，获得的目标效用也更大。

5.2.2 理论分析与研究假设

当水稻病虫害发生时，有限理性稻农为了有效减少损害，在生物农药的选择过程中将面临两种抉择：其一是在自己常年积累的生产经验基础上，通过对病虫害防治知识的收集与学习，来达到有效抑制或杀灭病虫害和减少粮食单产损失的目标；其二是考虑到机会成本的问题，稻农会选择直接依赖外部技术指导主体，采纳专业服务组织的农药使用建议和策略，进而有效防治病虫害。为了更清晰地了解稻农决策的执行过程，假定稻农在病虫害防治过程中存在两种初始策略选择权 $S(1, 0) = \{$自主学习，外部依赖$\}$。在环境不确定性与信息不完备的情况下，稻农会尽可能作出更优的决策，使得水稻生产的收益更高。同时假定稻农可能处于两种外部环境 $E(1, 0) = \{$有技术指导，无技术指导$\}$。

讨论之前先提 4 个基本假定条件。

（1）为简化研究，假设存在两类主体，分别为稻农和外部技术指导主体。

（2）稻农满足有限理性假定，也即稻农并不全然掌握水稻病虫害防治信息与技术，稻农自身的认知水平是有限的，所处的病虫害发生与农药产品市场等外部环境是不确定的，其能够掌握的病虫害识别与生物农药产品选购信息是不完全的。

（3）在水稻病虫害发生时，稻农面临两种选择"自主学习"和"外部依赖"。外部技术主体提供两种选择"无技术指导"和"有技术指导"。

（4）水稻病虫害存在基因变异和抗药性的可能，且对于病虫害变异，部分稻农无法通过自身以往的经验和能力有效处理，必须通过自主学习和外部依赖进行防治，否则将面临全额损失。

此时，稻农在不同外部环境下的决策可以构成以下至少4种情境：

情境一：$Q_1 \to (E=0, S=1)$，即无外部技术指导环境下稻农选择自主学习；

情境二：$Q_2 \to (E=1, S=1)$，即有外部技术指导环境下稻农选择自主学习；

情境三：$Q_3 \to (E=1, S=0)$，即有外部技术指导环境下稻农选择外部依赖；

情境四：$Q_4 \to (E=1 \text{ or } 0, S \neq 1 \text{ and } 0)$，即无论外部有无技术指导，稻农既不再自主学习（或失去学习能力），也不依赖外部技术指导主体，而是依赖自身以往的生产经验进行病虫害防治。

正常年份下，假定稻农生产的水稻单产为 q，市场价格为 p，商品化率为 δ，水稻生产的要素投入单位成本为 $C(q)$，则稻农的生产利润函数为：

$$F = \pi_{\max} = \delta pq - C(q) \tag{5-6}$$

在情境一下，稻农在病虫害发生时为有效防止粮食减产，需要自主学习和了解病虫害的知识，并掌握相应的农药使用技能。假定稻农学习病虫害防治技术投入的时间、精力与资金成本为 $L(\tau)$，则此时稻农的利润函数为：

$$\pi_1 = \delta pq - C(q) - L(\tau) \tag{5-7}$$

式中 τ 表示病虫害防治技术的复杂程度，且 $d(L)/d(\tau)0$。τ 越大，表示单位时间内稻农需要投入的学习成本越多。当然，病虫害防治技术的复杂程度 τ 与稻农个人生产经验积累以及病虫害的变异与抗药性特征存在密切关联。一方面，通过"干中学"生产经验的积累，若水稻发生的病虫害被稻农所熟知，则技术复杂程度 τ 和学习成本 $L(\tau)$ 均较小。假定用稻农本身具备的病虫害防治能力 A 表征病虫害防治经验的积累，则 $d(L)/d(A) < 0$，表示稻农自身具备的病虫害防治能力越强，则应对病虫害时学习成本 $L(\tau)$ 越小。另一方面，水稻病虫害具有明显的基因变异和农药抗药性特征。若病虫害的变异系数为 κ，则 $d(\tau)/d(\kappa) > 0$，表示病虫害变异程度越高，技术复杂度越大，稻农学习病虫害防治技术的成本越大。

在情境二下，外部环境中的农业技术推广站、农资店和农业新型经营主体会向稻农提供技术指导，但稻农仍需要自主学习和了解病虫害的知识，并掌握相应的生物农药使用技能。区别于情景一的地方在于外部技术指导能提升稻农自主学习效率 e，但可能同时需要支付一定的技术获取成本 $H(\tau)$，此时稻农的利润函数为：

$$\pi_2 = \delta pq - C(q) - (1-e)L(\tau) - H(\tau) \qquad (5-8)$$

在情境三下，外部农业技术推广站、农资店和农业新型经营主体会向稻农提供技术指导。且稻农无须自主学习病虫害知识，只需要选择依赖外部技术指导主体提供的施药策略来科学使用农药。此时，稻农的技术学习成本 $L(\tau)=0$。但在采纳外部技术主体用药决策时，可能会因为外部技术主体的决策失误而面临概率 g 的损失 S。当然 g 和 S 的大小取决于外部技术指导主体实现"有限理性"程度，往往与其权威与专业化程度成正比，也即外部技术指导主体的病虫害防治技术业务能力越高，稻农在决策依赖过程中遭受损失的可能性越小。此时，稻农的利润函数可表示为：

$$\pi_3 = \delta pq - C(q) - H(\tau) - gS \qquad (5-9)$$

在情境四下，外部技术主体提供的技术指导不再影响稻农的行为决策，但同时稻农会面临水稻病虫害变异带来的减产损失。在假定病虫害的变异系数为 κ 的情况下，稻农的利润函数可表示为：

$$\pi_4 = (1-\kappa)(\delta pq - C(q)) \qquad (5-10)$$

总的来看，在水稻生产过程中稻农的目标利润函数存在表5-1所示的4种情况。在病虫害防治过程中，稻农如果最终选择的是外部决策依赖，则必须满足以下条件：

$$\begin{cases} \pi_3 \geqslant \pi_1 \\ \pi_3 \geqslant \pi_2 \\ \pi_3 \geqslant \pi_4 \end{cases} \qquad (5-11)$$

表5-1　　　　　　　不同决策情境下稻农的生产利润函数

外部环境	稻农决策		
	自主学习	外部依赖	以往经验
无技术指导	$\delta pq - C(q) - L(\tau)$	—	$(1-\kappa) \times (\delta pq - C(q))$
有技术指导	$\delta pq - C(q) - (1-e) \times L(\tau) - H(\tau)$	$\delta pq - C(q) - H(\tau) - gS$	

将式 (5-7)、式 (5-8)、式 (5-9)、式 (5-10) 代入式 (5-11)，得到：

$$\begin{cases} \delta pq - C(q) - H(\tau) - gS \geqslant \delta pq - C(q) - L(\tau) \\ \delta pq - C(q) - H(\tau) - gS \geqslant \delta pq - C(q) - (1-e)L(\tau) - H(\tau) \\ \delta pq - C(q) - H(\tau) - gS \geqslant (1-\kappa)(\delta pq - C(q)) \end{cases} \quad (5-12)$$

进一步将式 (5-12) 进行简化可以得到：

$$\begin{cases} H(\tau) + gS - L(\tau) \leqslant 0 \\ gS - (1-e)L(\tau) \leqslant 0 \\ H(\tau) + gS - \kappa(\delta pq - C(q)) \leqslant 0 \\ \text{s. t. } d(L)/d(\tau) > 0 \\ \quad\quad d(L)/d(A) < 0 \\ \quad\quad d(\tau)/d(\kappa) > 0 \end{cases} \quad (5-13)$$

由此可知，在满足式 (5-13) 的条件下，稻农在水稻病虫害生物防治的过程中才会产生外部决策依赖。虽然暂时无法求解得到最终的均衡点，但也可以从中剥离出影响稻农病虫害防治决策依赖的关键因素。其一是技术指导信息获取成本 $H(\tau)$，也即稻农是否容易从外部环境中获取技术指导，外部技术指导的获取成本越高，则外部决策依赖的可能性越小；其二是稻农的技术学习成本 $L(\tau)$，表现为稻农自主学习病虫害防治技术的难易程度，稻农的技术学习成本越高，则外部决策依赖的可能性越大；其三是外部技术指导专业权威性（g 和 S），要在技术指导的过程中降低造成稻农损失的概率，表现为外部技术指导主体越是专业权威，稻农外部决策依赖的可能性越大；其四是稻农自身具备的病虫害防治能力（A），稻农自身能力不足是导致决策依赖的重要原因；其五是水稻病虫害的变异程度（κ），水稻病虫害变异程度越大，稻农面临减产损失的可能性也就越大，依赖外部技术指导主体进行专业防治的可能性越高。

综合以上分析，提出研究假设 H5-1：影响稻农生物农药使用决策依赖的因素主要有水稻病虫害防治的技术指导信息获取成本、稻农技术学习成本、技术指导专业权威性、稻农病虫害防治能力和水稻病虫害变异程度。表现为水稻病虫害防治技术指导的获取成本越低、稻农技术学习成本越高、技术指导主体专业权威性越强、稻农病虫害防治能力越弱、水稻病虫害变异程度越高，则稻农产生外部决策依赖的可能性越大。

5.3 稻农生物农药使用决策依赖形成的影响因素实证分析

5.3.1 模型构建与变量选取

为了论证水稻病虫害防治的技术指导信息获取成本、稻农技术学习成本、技术指导专业权威性、稻农病虫害防治能力和水稻病虫害变异程度对稻农生物农药使用决策依赖的影响，构建 Probit 实证分析模型：

$$Depend_i = \alpha + \beta_1 H_i + \beta_2 L_i + \beta_3 GS_i + \beta_4 A_i + \beta_5 \kappa_i + \sum_{j=6}^{n} \beta_j X_i + \omega \quad (5-14)$$

式（5-14）中，$Depend_i$ 为第 i 个稻农生物农药使用外部决策依赖状态，H_i 为稻农病虫害防治技术指导的获取成本，L_i 为稻农技术学习成本，GS_i 为技术指导专业权威性，A_i 为稻农病虫害防治能力，κ_i 为水稻病虫害变异程度，X_i 为影响稻农决策依赖的其他控制变量，α 为模型截距项，β 为待估计系数，ω 为随机干扰项。变量的选取与定义如下。

（1）被解释变量。决策依赖（$Depend_i$）。本书中决策依赖指稻农在生物农药使用时间、品种和剂量判定上是否听取外部指导建议的情况，通过问卷中 3 个题项"您进行病虫害防治时，在判定水稻何时应使用生物农药上主要听取谁的建议？""您进行病虫害防治时，在判定水稻应使用何种生物农药产品上主要听取谁的建议？""您进行病虫害防治时，在判定水稻应使用多大剂量生物农药上主要听取谁的建议？"的回答来设定。若稻农在生物农药使用时间、品种和剂量上的判定都依赖"个人经验"，则将决策依赖变量赋值为 0，若稻农在生物农药使用时间、品种和剂量上的判定依赖"农技站""农药经销商""邻里乡亲""其他主体"，则将决策依赖变量赋值为 1。当然，研究中也可以进一步分析稻农生物农药使用时间、品种和剂量单一维度的决策依赖，以及稻农在生物农药使用时间、品种和剂量 3 个维度总依赖度的问题。

（2）核心解释变量。

技术指导信息获取成本（H_i）。该指标具体指稻农在获取外部技术指导时付出的时间、精力与金钱等成本。借鉴高杨和牛子恒（2019）和佟大建和黄武（2018）等学者研究，基于技术指导获取的难易程度来衡量稻农病虫害防治技术指导的获取成本。问卷中设计以下3个题项进行测度："有需要时我随时可以寻求他人提供生物农药技术指导""我很轻易就能获得生物农药技术指导的机会""我可以方便地购买到生物防控所需要的物资"。问卷中通过李克特5分量表将稻农对以上观点的认同度进行赋值（其中1＝非常不认同，5＝非常认同，以下题项测度采取类似方式）。采用主成分因子分析的方法获得最终的技术指导信息获取成本指标数值，详细数据统计及检验结果见表5-2。

稻农技术学习成本。由理论分析部分的内容可知，该指标具体指稻农要学习并掌握新的病虫害防控技术所要花费的成本。借鉴许佳贤等（2018）学者的研究，问卷中设计以下3个题项进行测度："我能够短期内学习和掌握新的生物农药技术""学习生物农药技术对我来说很容易""学习和掌握生物农药技术不需要花费很多金钱"。问卷中通过李克特5分量表将稻农对以上观点的认同度进行赋值。采用主成分因子分析的方法获得最终的稻农技术学习成本指标数值，详细数据统计检验结果见表5-2。

技术指导的专业性和权威性。该指标具体指稻农对外部主体提供技术指导的综合评判，本书将借鉴冯小（2017）的研究，调查问卷中从病虫害防治技术指导的内容和主体两个维度设计以下3个题项进行测度："提供的技术指导内容是有效的""提供技术指导主体是专业的""提供技术指导的主体是值得信赖的"。同理，问卷中通过Likert 5分量表将稻农对以上观点的认同度进行赋值。采用主成分因子分析的方法获得最终的技术指导主体专业权威性指标数值，详细数据统计检验结果见表5-2。

稻农病虫害防治能力。在有限理性理论视角下，本书所强调的农户能力是指农民防治病虫害的能力。在以往的文献中，学者们从基础教育、专业技能、认知和经验的角度对"能力"进行了定义（Wang et al.，2017；王娜娜等，2023）。然而，它们均不能完全衡量农民进行病虫害防治的用药能力。科学的病虫害防治不仅要准确识别病虫害，而且要用正确的杀虫剂杀灭和抑制病虫害。因此，参照 FAO & WHO 的定义，[①] 我们将从病虫害识别和农药选用 2 个维度来衡量稻农的病虫害防治能力。病虫害识别能力指稻农能清晰地识别不同水稻病虫害的类型、差异和发生时间（Khan and Damalas，2015）。农药选用能力包括对农药毒性、残留性和可降解性的了解掌握程度（Chen et al.，2013；Akter et al.，2018）。问卷中共设置 6 个题项进行测度。基于测度题项获得样本农户数据后，对 6 个测度题项进行因子分析，通过降维方法获得稻农病虫害防治能力的 2 个测度指标：病虫害识别和农药选用。量表检测的 KMO 值为 0.64，Bartlett 检验也通过了 1% 的显著性检验，符合因子分析的适用性要求。采用主成分法和基于特征值大于 1 的提取方法，得到了病虫害识别和农药选用 2 个公因子，累积方差贡献率为 87.29%。详细数据统计及检验结果见表 5-2。

水稻病虫害变异程度。水稻病虫害具有典型的抗药性和基因变异的性状特征，病虫害变异也将导致特定品种的农药使用药效下降甚至无效（范春全、何彬彬，2020）。本书在调查问卷中设计以下 3 个题项进行测度："稻田经常发生新品种的病虫害""近年来使用农药的杀虫药效在明显下降""我不认识的水稻病虫害越来越多"。同理，问卷中通过李克特 5 分量表对稻农以上观点的认同度进行赋值。采用主成分因子分析法获得最终的技术指导主体专业权威性指标数值，详细数据统计检验结果见表 5-2。

表 5-2　　　　核心解释变量测度题项的信效度检验

指标	测度题项	均值	标准差	信效度检验
技术指导信息获取成本	有需要时我随时可以寻求他人提供生物农药技术指导	3.257	1.005	Cronbach's α 值 = 0.712 AVE 值 = 0.694
	我很轻易就能获得生物农药技术指导的机会	2.710	1.436	
	我可以方便地购买到生物防控所需要的物资	4.022	0.567	

[①] 详细内容参考 2010 年粮农组织和世卫组织的农药规格联席会议（JMPS），编制的《农药规格制定和使用手册》第 2 版。电子文档见 https：//apps.who.int/iris/handle/10665/44527。

续表

指标	测度题项	均值	标准差	信效度检验
稻农技术学习成本	我能够在短期内学习和掌握新的生物农药技术	2.808	1.246	Cronbach's α 值 = 0.688 AVE 值 = 0.652
	学习生物农药技术对我来说很容易	2.561	1.291	
	学习和掌握生物农药技术不需要花费很多金钱	2.817	0.986	
技术指导的专业性和权威性	提供的技术指导内容是有效的	3.577	0.727	Cronbach's α 值 = 0.861 AVE 值 = 0.704
	提供技术指导的主体是专业的	3.026	0.651	
	提供技术指导的主体是值得信赖的	3.822	0.930	
稻农病虫害防治能力	我知道水稻病虫害的很多种类	3.752	1.572	Cronbach's α 值 = 0.732 AVE 值 = 0.619
	我能准确区分水稻病虫害品种差异	2.857	0.956	
	我能及时发现水稻病虫害发生	2.253	1.025	
	我清楚地了解农药的毒性	3.857	1.658	Cronbach's α 值 = 0.665 AVE 值 = 0.596
	我清楚地了解农药的残留	2.236	1.340	
	我清楚地了解农药的可降解性	2.753	0.856	
水稻病虫害变异程度	稻田经常发生新的病虫害	2.916	1.132	Cronbach's α 值 = 0.709 AVE 值 = 0.621
	近年来使用农药的杀虫药效在明显下降	3.251	0.769	
	我不认识的水稻病虫害越来越多	3.682	1.025	

注：信度和效度检验结果均采用 SPSS 软件执行，通过主成分因子分析法和旋转因子法获得指标数值。

信度是衡量调研数据量表可靠性程度的重要指标，量表数据的信度越好，其可靠性和准确性就越高。目前 Cronbach's α 统计量是反映量表数据一致性、衡量数据信度的有效方法。一般而言，该统计量的数值大于 0.7 时，可认为量表数据的整体信度较好。本书通过 SPSS 软件对技术指导信息获取成本、稻农技术学习成本、技术指导主体专业权威性、稻农病虫害防治能力、水稻病虫害变异程度 5 个指标分别进行信度检验，结果显示（见表 5-2），Cronbach's α 统计量取值范围在 0.665~0.861。虽然稻农技术学习成本和稻农病虫害防治能力 Cronbach's α 值略低于 0.7，但仍在可以接受的范围（刘妙品等，2019）。因此，基本可以认为本书的指标数据的整体信度较好。

效度检验是衡量量表数据有效性的重要指标，反映的是调研数据能够准确测量出所需测度指标数值的程度。量表数据的效度越好，代表数据的测量误差越小，数据反映真实信息的程度越高。目前学者们主要从区分效度和收敛效度两个维度检验数据的有效性。简单来讲，区分效度可以衡量指标间的差异性程度，收敛效度则是衡量量表题项在测度指标上的聚合程度。本书采用 SPSS 软件开展量表数据的效度检验。对于收敛效度而言，研究中进一步测算了 5 个指标的组合信度（CR）统计量，发现 CR 统计量取值范围在 0.706~0.825。因此，根据 CR 统计量大于 0.7 和 AVE 统计量大于 0.6 的判定标准，可以认为本书量表数据的收敛效度较好。

（3）其他控制变量。为了保证模型设定的科学合理性，借鉴现有学者研究，在模型中纳入稻农个人特征、家庭特征、生产经营特征和外部环境因素进行控制。

稻农个人特征选取受访者年龄、受教育程度、务农年限 3 个变量。有研究表明，随着年龄的增加，老年农户的学习能力和信息收集能力都在逐步下降，他们更加迫切地需要得到农技员和农资店的技术指导（赵秋倩等，2020）。受教育程度是农户接受基础教育的主要体现，是影响农户自身的病虫害防治能力和人力资本积累的根本性因素（张利国、吴芝花，2019）。而农业生产经验的积累程度会随着农户务农年限的增加而增加，继而农户选择依赖自身经验进行病虫害防治决策的可能性更大（Huang et al., 2020）。

稻农家庭特征选取家庭收入、农业劳动力 2 个变量。家庭收入会一定程度影响农业生产的资金投入，进而影响农户在病虫害防治中的用药决策行为。即家庭收入越高的农户，受农业生产资金约束的可能性更低（王志刚等，2012），接受农技站和农资店的多样化农药使用推介方案的可能性更大。同时家庭收入在很大程度上也决定了农户家庭的经济和社会地位，家庭收入越高的农户获取外部信息资源的能力越强（佟大建、黄武，2018；赵佩佩等，2021）。农业劳动力数量越多的家庭，进行农业生产用药决策商讨的可能性越大，继而会在家庭内部形成自主决策。而且农业劳动力的数量会影响病虫害防治的方式选择，在农业技术推广体系下，使得劳动密集型病虫害防治方案更容易被采纳和接受（周力等，2020）。

稻农生产经营特征选取水稻规模、合作社组织 2 个变量。生产经营规模是农户农业生产的主要特征，对于大规模水稻种植户而言，为了追求市场利润最大化目标，稻农会尽可能地降低农业生产过程中的自然风险，减少病虫害暴发带来的粮食减产损失。因此，大规模农户可能会更加依赖外部的专业技术力量，以确保能快速有效地杀灭和控制水稻病虫害（罗小锋等，2016）。参加合作社组织对于分散小规模农户实现增产增收目标而言意义重大，合作社组织通过对社员农业生产过程中的采购、生产、组织、流通和销售等环节进行统一管理，可以最大限度地综合利用外部信息资源（王云等，2017），继而获取最优的病虫害防治决策方案。即参加合作社组织能够有效提升农户社会资本，继而增加农户获得外部农业技术推广体系下的技术服务指导的机会（范凯文、赵晓峰，2019）。

外部环境因素选取技术培训、集镇距离、地形3个变量。农业技术培训是农业技术推广站开展农技推广活动的常见形式，农业技术推广中心会定期在部分地区挑选农户进行农业技术培训、宣传和再教育等相关内容。因此，参加农业技术培训的农户与农技员的交流频率更高，在病虫害防治时听取农技员技术指导的可能性更大（应瑞瑶、朱勇，2015）。集镇距离可以表征农户与农业技术推广站之间的空间距离，因为农业技术推广中心一般建立在乡镇，距离较近的农户可以更容易获得技术指导服务（Huang et al., 2020）。地形因素带来的影响则主要体现在农业技术推广资源的分配上。山区和丘陵地带本身农作物的种植面积有限，加上农户的居住地分散，相应的农技员和农资店的分布非常少（孙生阳等，2018），稻农获取外部病虫害防治信息服务的成本非常高。

此外，本书将在模型中纳入地区变量和水稻品种变量，以控制地区经济发展水平和作物耕作差异带来的影响，因为不同地区和不同农作物品种上的农业技术推广资源分配可能存在较大差异（Hu et al., 2012）。各变量定义详见表5-3。

表5-3　　　　　　　　　　模型中变量的定义与赋值说明

变量	定义与赋值	均值	标准差
被解释变量			
决策依赖	在生物农药使用时间上是否决策依赖：是=1，否=0	0.825	0.107
	在生物农药使用品种上是否决策依赖：是=1，否=0	0.862	0.214
	在生物农药使用剂量上是否决策依赖：是=1，否=0	0.797	0.126

续表

变量	定义与赋值	均值	标准差
核心解释变量			
技术指导信息获取成本	主成分因子分析获得该指标数值	—	—
稻农技术学习成本	主成分因子分析获得该指标数值	—	—
技术指导的专业性、权威性	主成分因子分析获得该指标数值	—	—
稻农病虫害防治能力	主成分因子分析获得该指标数值	—	—
水稻病虫害变异程度	主成分因子分析获得该指标数值	—	—
控制变量			
年龄	受访者的真实年龄（岁）	50.293	9.600
受教育程度	受访者受教育年限（年）	7.172	3.440
务农年限	受访者从事水稻生产的年限（年）	31.256	11.830
家庭收入	家庭总收入水平（万元）	11.891	4.626
农业劳动力	家庭成员中农业劳动力数量（人）	1.925	0.696
水稻种植规模	水稻生产经营面积（亩）	3.353	1.206
合作社组织	稻农是否加入农民专业合作社：是=1，否=0	0.347	0.476
地区	样本农户区域：鄂南=1，鄂中=2，鄂西=3，鄂东=4	1.892	1.427
水稻品种	水稻种植类型：早稻=1，中稻=2，晚稻=3，再生稻=4	2.340	1.801

注：核心解释变量指标数值的统计结果均由因子分析得到，在此不作展示。

5.3.2 实证结果与分析

1. 稻农生物农药使用决策依赖的影响因素实证分析

基于式（5-14）的模型，本书将利用微观调研数据实证分析稻农生物农药使用决策依赖形成的影响因素。首先，依次将表5-4中所有变量依次进行交互式线性回归，通过得到的方差膨胀因子（VIF统计量）和容忍度（tolerance）来判定模型中变量是否存在严重共线性问题。若VIF统计量不大于10，容忍度大于0.1时，一般可判定变量间不存在严重共线性。本书在经过多次诊断后，得到的所有变量的VIF统计量取值范围在0.253~3.172，容忍度取值范围在 0.315~3.953，共线性诊断结果表明模型中所有变量不存在严重共线性问题，能够开展进一步的实证研究。其次，考虑到稻农是否存在决策依赖是二元选择变量，所以选择二元 Logit 模型进行回归。并采用稳健估计法（robust）降低模型可能由遗漏变量和测量误差导致的异方差问题。最后，利用 Stata 15.0 软件对模型依次进行估计并得到表 5-4 所示结果。其中，模型Ⅰ是以稻农决策依赖（指稻农在时间、品种或剂量任一决策上有外部依赖行为）为被解释变量，对 5 个核心解释变量进行回归估计得到的结果；模型Ⅱ则是加入控制变量后得到的结果；模型Ⅲ、模型Ⅳ和模型Ⅴ依次为将被解释变量设置为时间决策依赖、品种决策依赖和剂量决策依赖后，回归估计得到的结果。

2. 稻农生物农药使用决策依赖的影响因素分析

表 5-4 中模型Ⅰ是模型Ⅱ的调试回归估计结果，因此本章节对实证结果的解读将以模型Ⅱ为准。从估计结果来看，技术指导信息获取成本对稻农生物农药使用决策依赖的影响通过 10% 的显著性水平检验，且影响方向为负。即技术指导信息获取成本越高，稻农对外部技术指导主体的决策依赖概率就会越低，因为稻农在获取技术指导服务的过程中，需要付出一定的交通成本、时间成本和资金成本。稻农技术学习成本对稻农生物农药使用决策依赖的影响通过 10% 的显著性水平检验，且影响方向为正。表明稻农学习病虫害防治技术所需付出的时间与精力越多，则选择外部决策依赖的概率越大。如果学习和掌握新的病虫害防治技术对于稻农来说很容易且成本很低的情况下，稻农可能会倾向于提升自我能力来进行决策，而不是依赖外部技术指导主体。技术指导专业权威性对稻农生物农药使用决策依赖的影响通过 1% 的显著性水平检验，且影响方向为正。表明稻农认为外部技术指导主体提供的技术指导服务内容的有效性、专业性和值得信赖的程度越高，稻农选择决策依赖的可能性越大，这能在一定程度上降低稻农对病虫害防治技术应用的风险感知，从而达到农户稳定的稻谷产出预期。稻农病虫害防治能力对稻农农药使用决策依赖的负向影响通过 1% 的显著性检验，表明稻农的水稻病虫害识别能力和农药选购能力下降时，会促使农户更多地依赖外部技术指导主体进行农药使用决策。因为稻农凭借自身的经验和能力已经无法在短期内准确辨别病虫害种类，并购买到合适的农药产品。这就无法实现病虫害的有效治理。

第 5 章 稻农生物农药使用决策依赖及形成机理分析

表 5-4 稻农决策依赖的影响因素回归估计结果

变量	模型 Ⅰ 决策依赖 系数	标准误	模型 Ⅱ 决策依赖 系数	标准误	模型 Ⅲ 时间决策依赖 系数	标准误	模型 Ⅳ 品种决策依赖 系数	标准误	模型 Ⅴ 剂量决策依赖 系数	标准误
技术指导信息获取成本	-0.020**	0.008	-0.013*	0.007	-0.004	0.128	-0.017*	0.010	-0.022**	0.009
稻农技术学习成本	0.090*	0.053	0.074*	0.044	0.121	0.002	0.050	0.034	0.081***	0.024
技术指导专业权威性	0.178***	0.061	0.185***	0.057	0.395***	0.084	0.122***	0.045	0.204***	0.016
稻农病虫害防治能力	-0.234***	0.065	-0.212***	0.068	-0.153**	0.064	-0.128**	0.048	-0.134**	0.068
水稻病虫害变异程度	0.185*	0.107	0.151	0.112	0.066	0.173	0.322**	0.152	0.120	0.109
年龄	—	—	0.032***	0.009	0.056***	0.007	0.017**	0.008	0.034**	0.014
受教育程度	—	—	0.031	0.113	0.251	0.782	-0.373***	0.182	-0.015	0.109
务农年限	—	—	-0.227	0.211	-0.241	0.239	-0.199**	0.096	-0.179***	0.049
家庭收入	—	—	-0.001	0.001	0.002	0.380	0.000	0.002	-0.001	0.002
农业劳动力	—	—	-0.399	0.193	-0.068	0.040	-0.165	0.242	-0.211	0.201
水稻规模	—	—	-0.069**	0.031	-0.368***	0.125	-0.709***	0.362	-0.247*	0.141
合作社组织	—	—	0.001*	0.001	0.062***	0.015	0.002**	0.001	0.000	0.001
地区	—	—	-0.003	0.009	0.013	0.744	-0.196	0.679	-0.006	0.008
水稻品种	—	—	0.207**	0.093	0.388***	0.024	-0.029	0.124	0.137	0.091
模型检验	LR chi² =36.69*** Pseudo R² =0.032		LR chi² =84.14*** Pseudo R² =0.074		LR chi² =42.73*** Pseudo R² =0.052		LR chi² =17.65*** Pseudo R² =0.039		LR chi² =45.33*** Pseudo R² =0.063	

注：***、** 和 * 分别表示回归系数通过 1%、5% 和 10% 的显著性检验；表中模型估计的样本总量均为 1148 户。

从控制变量的影响结果来看，年龄对稻农生物农药使用决策依赖的影响通过1%的显著性水平检验，且影响方向为正。表明稻农的年龄越大，在农药使用时选择外部决策依赖的可能性越高。对于年龄较大的农户，特别是高龄农户的行动能力、信息收集能力、学习能力普遍下降，需要及时获得外部技术指导主体的技术支持（何亚芬，2018）。水稻规模对稻农生物农药使用决策依赖的负向影响通过5%的显著性检验，表明相较大规模农户而言，小规模的水稻生产者更容易形成农药使用的决策依赖。小规模稻农自主学习病虫害防治技术的平均成本更高，在我国农业技术推广体系日趋完善的社会背景下，小农户更愿意选择听从农技员和农资店的技术指导。合作社组织对稻农农药使用决策依赖的正向影响通过10%的显著性检验，表明参与合作社组织的稻农更大概率地选择决策依赖，因为合作社组织会对合作社成员的农业生产进行统一标准的技术指导，农药的使用决策很大程度上由合作社决定。水稻品种对稻农农药使用决策依赖的正向影响通过5%的显著性检验，表明相较于早稻和中稻而言，晚稻和再生稻品种种植农户更易形成农药使用的决策依赖。实地调研中发现，晚稻生长在温度和湿度较高的夏季和秋季，生长期较早的中稻更容易发生病虫害，稻农获取外部技术指导服务的需求更大。而再生稻在湖北省农业农村厅近年来的助推下，其农业技术推广资源更丰富，该背景下稻农获取再生稻病虫害防治外部技术指导的概率也就更高。

3. 稻农生物农药使用时间决策依赖的影响因素分析

病虫害防治时间节点的确定是稻农生产稻谷过程中及时止损的关键。病虫害防治需要遵循"预防为主"的原则，即在水稻病虫害还没有大面积暴发之前就要有效杀灭或抑制病虫害。从表5-4中模型Ⅲ的估计结果来看，技术指导专业权威性对稻农生物农药使用时间决策依赖的正向影响通过5%的显著性水平检验。农业技术推广站等权威机构会定期对当地的水稻病虫害进行监测和预警，并提前告知农户何时进行防治。病虫害防治通告（消息）的来源是稻农确保病虫害防治信息可靠程度的重要因素。因此，技术指导专业权威性越高，则稻农听取相关外部技术推广主体建议的可能性就越大。稻农病虫害防治能力对稻农生物农药使用时间决策依赖的负向影响通过5%的显著性水平检验。水稻病虫害的发生时间除了取决于部分偶然因素外，也存在很多规律性因素。例如，实际调研中发现所有稻农都会在水稻生长苗期使用1~2次农药，来防治稻飞虱、烂秧病、稻瘟病和恶苗病等。稻农病虫害防治能力越强，在水稻各生长时期应对常规性病虫害的能力和经验就越足，在农药使用时间上对外部的决策依赖程度就越低。此外，技术指导信息获取成本、稻农技术学习成本和水稻病虫害变异程度对稻农农药使用时间决策依赖的影响则并未通过显著性检验。结合调研的实际情况来看，在农药使用时间的判定上，无论是农户行为的"羊群效应"，还是水稻病虫害"统防统治"的需要，村集体或生产小组的施药时间越来越具有一致性。稻农病虫害防治时间的指导服务已经普遍处于获取来源较广、获取成本较低的现实状况。

从控制变量的影响结果来看，年龄对稻农农药使用时间决策依赖的正向影响通过了1%的显著性水平检验，表现为年龄越大的稻农在农药使用时间上依赖外部技术指导主体的概率越高。老龄农户随着体能的下降，对田间管理的时间和精力投入有所减少，对病虫害的观察和识别能力下降，在施药时间的自主判定上可能存在较大不确定性，需要依赖外部主体提供的技术指导。水稻规模对稻农农药使用时间决策依赖的负向影响通过1%的显著性水平检验，表明生产规模越小的农户，在农药使用时间上存在决策依赖的可能性更大。因为小规模农户农业生产重心发生转移，考虑到非农就业机会成本的问题，对水稻病虫害监测时间投入减少，对外部依赖的需求更大。合作社组织对稻农生物农药使用时间决策依赖的正向影响通过1%的显著性水平检验。表明参加合作社的农户更大概率地形成农药使用的时间决策依赖，因为合作社统一管理的特征，合作社技术员会在社内通过微信群、电话和短信等途径进行定期的病虫害防治通知，会告知大家农药的使用最佳时期。水稻品种对稻农农药使用时间决策依赖的正向影响通过了1%的显著性水平检验，表明晚稻和再生稻等品种水稻在农药的使用时间决策上，相较早中稻更加依赖外部技术主体。这也可能与晚稻和再生稻容易频繁发生多样性病虫害特征有关，外部技术指导能有效弥补自身能力与精力的不足。

4. 稻农生物农药使用品种决策依赖的影响因素分析

农药品种选择是稻农安全使用农药的重要体现。从表5-4中模型Ⅳ的估计结果来看，技术指导信息获取成本对稻农生物农药使用品种决策依赖的负向影响通过10%的显著性水平检验。外部技术指导主体提供的病虫害防治服务往往附有详细施药品种组合建议，例如，农技站会在预警消息中告知稻农需要使用什么农药，农资店会根据病虫害种类向稻农推介多个品种的农药产品。因此，如果稻农能够较为轻易地获得这类农药使用品种指导信息，听取外部技术主体建议的可能性就更大。技术指导专业权威性对稻农生物农药使用品种决策依赖的影响通过了1%的显著性水平检验，且影响方向为正。可见，技术指导主体给出的农药品种使用建议也会得到稻农的充分考量，错误的农药品种使用决策将致使稻农增加农业生产成本和粮食减产损失。技术指导专业权威性是农户判定农药使用品种技术指导有效性的重要依据，权威可靠的农药品种推荐方案更易被稻农所接纳并采用。稻农病虫害防治能力对稻农生物农药使用品种决策依赖的影响通过1%的显著性水平检验，且影响方向为负，表明稻农个人病虫害防治能力的提升，会降低对外部技术指导主体的依赖。调研中发现，部分"种地能手"在水稻病虫害防治的过程中，对"康宽""敌百虫""阿维菌素"等成熟广谱农药产品的属性和功效了解较为熟悉，在有把握确认病虫害种类的情况下，他们对农药产品的选购目标性往往较强，无须他人的推介。水稻病虫害变异程度对稻农生物农药使用品种决策依赖的影响通过5%的显著性水平检验，且影响方向为正。水稻病虫害防治过程中农药使用要遵循"产品交替使用"原则，就是为了防止病虫害变异和抗药性的产生。病虫害变异程度越大，原有农药产品的药效下降程度越大，稻农希望替换原农药产品的需求增加，从而增加对外部技术指导主体的依赖。

从控制变量的影响结果来看，年龄对稻农生物农药使用品种决策依赖的影响通过5%的显著性水平检验，且影响方向为正。即老龄农户更大概率地选择依赖他人提供农药品种信息作出决策，这主要是因为老龄农户记忆力下降，对市场上繁多的农药产品名称记忆模糊，在选购农药产品时需要他人引导与帮助，继而对外部技术指导主体更易产生依赖。受教育程度对稻农农药使用品种决策依赖的负向影响通过5%的显著性水平检验。表明教育水平更高的农户，在农药产品选择时对他人的依赖更少，因为在能准确识别《农药使用说明书》的情况下，稻农可以通过农资店进行农药产品对比，进而自主抉择所需要的农药产品，对外部的依赖程度就会降低。务农年限对稻农生物农药使用品种决策依赖的负向影响通过5%的显著性水平检验，表明长时间务农的农户更乐于依赖自身生产经验进行农药产品的选择，他们对于市场常见农药的品种积累了一定的购买和使用经验，进而降低外部决策依赖。

水稻规模对稻农生物农药使用品种决策依赖的负向影响通过5%的显著性水平检验。即较小生产规模的稻农在农药使用品种上会更大概率地选择依赖外部技术指导主体，而大规模生产经营主体更愿意通过自身能力和经验选购农药产品。因为大规模生产经营主体的个人能力和知识储备往往更加丰富，对外部的依赖可能越低。合作社组织对稻农生物农药使用品种决策依赖的正向影响通过5%的显著性水平检验。表明参加合作社使得更多稻农选择依赖外部技术指导主体进行农药产品的抉择，合作社的统一生产管理降低了稻农农药使用的盲目性和随意性。

5. 稻农生物农药使用剂量决策依赖的影响因素分析

农药单次使用剂量标准涉及农药毒性、残留和可降解周期等，是判定稻农是否科学施药，特别是过量使用农药的重要指标。从表5-4中模型Ⅴ的估计结果来看，技术指导信息获取成本对稻农生物农药使用剂量决策依赖的影响通过5%的显著性水平检验，且影响方向为负。稻农在购置农药过程中会通过农技员发布的消息、农资店老板口述和农药使用说明书的内容，来确定单位面积耕地上农药使用的剂量标准和兑水浓度。当获取、吸收和理解以上技术信息的难度增加时，稻农只能依靠自己以往的生产用药经验进行决策，继而减少对外部主体的依赖。稻农技术学习成本对稻农生物农药使用剂量决策依赖的影响通过1%的显著性水平检验，且影响方向为正。可见，通过自主学习和掌握农药使用剂量和使用浓度的标准越复杂，则稻农所需花费的时间和精力成本就越高，选择直接采纳外部技术指导主体用药剂量建议的概率就更高。例如天气的湿度、温度、风向和光照，以及病虫害发生严重程度存在差异时，即使是防治同一种病虫害，农药使用的剂量标准也可能存在很大差异。技术指导专业权威性对稻农生物农药使用剂量决策依赖的影响通过1%的显著性水平检验，且影响方向为正。表明提供农药使用剂量技术指导服务的主体越权威可信，稻农依赖他们进行农药使用剂量决策的可能性更高，因为单位面积农药使用剂量过少，则无法有效杀灭害虫，农药使用剂量过多，则会损害人体健康和增加农业生产成本。因此，值得信赖的权威主体提供精准科学的农药剂量使用标准更容易被稻农所接受和采纳。稻农病虫害防治能力对稻农生物农药使用剂量决策依赖的影响通过5%的显著性水平检验，且影响方向为负。即有能力的稻农更倾向于依赖自身经验决定农药的使用剂量。调研中部分稻农也表示会按照他们自己的"个人经验"来决定使用多少农药。可见,在稻农自身具备科学选购农药的情况下,对外部技术指导主体的依赖程度有所下降。

从控制变量的影响结果来看,年龄对稻农生物农药使用剂量决策依赖的影响通过5%的显著性水平检验,且影响方向为正。年龄较大的稻农对农药使用剂量的把握较为模糊,调研中发现老龄农户购置农药过程中大多需要农资店店主向其口述农药产品的使用方法,"一包(瓶)农药可以打多少田块""需要兑几桶水"等都是按照农资店或农技员的指示进行施药。务农年限对稻农生物农药使用剂量决策依赖的影响通过1%的显著性水平检验,且影响方向为负,表明务农年限越短的稻农,对外部技术指导主体的依赖性越大。因为务农年限越长的稻农,其生产经验越丰富,对于农药使用剂量和药效的把握越准确,通过自身经验决定使用多大剂量农药的可能性越大。水稻规模对稻农生物农药使用剂量决策依赖的影响通过10%的显著性水平检验,且影响方向为负。表明稻农生产规模越小的农户,越需要得到外部农药使用剂量技术指导,因为小规模稻农的地块往往呈现分散、细碎化和不规则的特征,对多块耕地的施药剂量标准确定更加复杂,稻农选择听取外部技术指导主体建议的可能性更大。

5.3.3 稳健性检验

为了进一步提高本章节研究结论的稳定性和可靠性,通常需要对样本数据的回归结果进行稳定性检验。本章节将借鉴以往学者的研究经验,采用替换估计方法、替换指标测度方法和调整样本量的3种方式依次对样本数据进行再估计检验。

1. 基于替换估计方法的稳健性检验

常用的二元 Logit 模型和 Probit 模型在小样本的情况下,系数估计结果的显著性具有一致性,可以互相作为实证结果稳定性检验的选择(马君潞、吕剑,2007;Karlson and Breen,2012)。因此,选取 Probit 模型替代原有 Logit 模型,利用 Stata 15.0 软件对样本数据进行再估计,得到表5-5中的模型Ⅰ实证结果。从模型中各变量的显著性情况来看,核心变量中技术指导信息获取成本、稻农技术学习成本、技术指导专业权威性和稻农病虫害防治能力依次通过10%、10%、1%和1%的显著性水平检验,且影响方向都与表5-4中模型Ⅱ的结果具有一致性。此外,控制变量中年龄、水稻规模和合作社组织也均依次通过1%、5%、5%和10%的显著性水平检验,影响方向与表5-4中模型Ⅱ结果相同,仅显著性水平存在细微差异。因此,可认为在替换估计模型方法的情况下,表5-4中得到的实证估计结果具有稳定性。

表5-5　　　　　　　　　稳定性检验估计结果

变量	模型Ⅰ:Probit 决策依赖		模型Ⅱ:OLS 决策依赖程度		模型Ⅲ:Logit 决策依赖	
	系数	标准误	系数	标准误	系数	标准误
技术指导信息获取成本	-0.013*	0.007	-0.016*	0.009	-0.019*	0.011
稻农技术学习成本	0.026*	0.018	0.022**	0.011	0.054*	0.032
技术指导的专业性和权威性	0.233***	0.079	0.238*	0.129	0.331**	0.142
稻农病虫害防治能力	-0.165***	0.048	-0.098***	0.027	-0.103***	0.034
水稻病虫害变异程度	0.068	0.082	-0.039	0.050	0.063	0.145
年龄	0.008***	0.004	0.017**	0.008	0.017**	0.008
受教育程度	-0.189	0.194	-0.131*	0.071	-0.154	0.164
务农年限	-0.001	0.086	-0.012	0.022	-0.260	0.678
家庭收入	0.001	0.001	-0.002	0.001	0.001	0.001
农业劳动力	-0.089	0.131	0.219	0.195	-0.047	0.235
水稻种植规模	-0.357**	0.183	-0.141*	0.086	-0.125**	0.060
合作社组织	0.051**	0.021	0.250	0.211	-0.002*	0.001
地区	-0.038	0.366	0.534	0.410	0.107	0.096
水稻品种	0.109*	0.068	0.117**	0.053	0.102*	0.053
常数项	-0.744	0.833	0.264	0.640	-0.938	1.402
样本量	1148		1148		1033	
模型检验	Wald chi^2 = 18.64*** Pseudo R^2 = 0.038		F 统计量 = 177.22*** Pseudo R^2 = 0.971		LR chi^2 = 42.73*** Pseudo R^2 = 0.052	

注:***、**和*分别表示回归系数通过1%、5%和10%的显著性检验;标准误为稳健估计标准误。

2. 基于替换指标测度方法的稳健性检验

本书中将决策依赖定义为稻农在生物农药使用的时间、品种或剂量确定上，听从外部主体的行为。虽然通过离散二元变量较为清晰地界定了稻农决策依赖行为表现的"是"与"否"的状态，但弱化了稻农决策依赖的程度。因为即使都表现为存在决策依赖的稻农群体，也可能存在农药使用时间、品种或剂量等决策依赖中一种或多种依赖并存的情况。因此，借鉴范建亭（2015）和张凌怡、陈玉文（2016）等学者关于"对外技术依存度"[①]的概念和测度方法，计算稻农的决策依赖程度，计算公式如下：

$$Dd_i = \frac{Es_i}{Es_i + Id_i} \qquad (5-15)$$

式（5-15）中 Dd_i 表示第 i 个样本稻农的决策依赖程度；Es_i 表示稻农在生物农药使用时间、品种和剂量上依赖外部主体的项数，即三项中有几项存在决策依赖；Id_i 表示稻农在生物农药使用时间、品种和剂量上依赖个人经验决策的项数。

通过替换模型中指标的测度方式，利用稻农的决策依赖程度作为模型的被解释变量进行回归估计。考虑到决策依赖程度是数值型变量，并利用 OLS 进行系数估计，得到表5-5中模型Ⅱ的结果。结果显示，技术指导信息获取成本、稻农技术学习成本、技术指导专业权威性和稻农病虫害防治能力指标对稻农农药使用决策依赖程度的影响依次通过10%、5%、10%和1%的显著性水平检验，影响方向与表5-4中模型Ⅱ结果具有一致性。由此可见，技术指导信息获取成本、稻农技术学习成本、技术指导专业权威性和稻农病虫害防治能力不仅导致稻农外部决策依赖的形成，而且会进一步加深稻农外部决策依赖的程度，诱使稻农在农药使用时间、品种和剂量等决策环节上更多依赖外部技术指导主体。此外，控制变量中年龄、受教育程度、水稻规模和水稻品种依次通过5%、10%、10%和5%的显著性水平检验。与表5-4中模型Ⅱ结果存在差异的是，受教育程度负向显著影响了稻农的决策依赖程度。受教育程度越低的农户，自主学习能力和文字信息识别能力不足，病虫

[①] 目前学术界将"对外技术依存度"的概念主要用于衡量国家与国家之间在技术创新过程中对外部的依赖程度，通过国外引进技术资源量占国内自主研发量和国外引进技术资源量之和的比值来计算。

害防治生产经验的积累速度和效率更低（Charles et al.，2016），进而需要更多地依赖外部主体进行决策。综合来看，在替换模型指标测度方法的情况下，表 5-5 和表 5-4 模型 Ⅱ 中得到的实证估计结果具有相似性，满足稳定性检验的要求。

3. 基于调整样本量的稳健性检验

课题小组在湖北省进行样本调研的过程中尽可能采取分层随机抽样的原则，然而实际调研中存在农户兼业、农忙、土地流转和居住分散等各种原因，导致微观调研样本数据的收集可能存在部分非随机性。例如，在村民较少的村庄采取全覆盖的形式开展调查。这可能导致样本农户的分布出现"异常"情况，并不能严格服从正态分布特征。调研样本中可能会存在一些影响回归结果的离群值，这就需要剔除这些离群值来进行稳健性检验，以排除离群值对样本回归结果的影响。本章节将借鉴陈强远等（2020）学者研究经验，将以控制变量"水稻规模"为依据，采用 Winsorize 缩尾法进行 5% 分位的双边缩尾处理，将所有样本稻农的水稻规模按照从小到大顺序排列后，剔除水稻规模非常小和非常大的特殊样本，共计 115 份。将处理后保留的 1033 份样本稻农数据代入模型进行再估计，得到表 5-5 中模型 Ⅲ 所示结果。结果显示，技术指导信息获取成本、稻农技术学习成本、技术指导专业权威性和稻农病虫害防治能力对稻农农药使用决策依赖的影响依次通过 10%、10%、5% 和 1% 的显著性水平检验，且各变量的影响方向与表 5-4 中模型 Ⅱ 结果具有一致性。此外，从控制变量的显著性来看，年龄、水稻规模、合作社组织和水稻品种对稻农农药使用决策依赖的影响依次通过 5%、5%、10% 和 5% 的显著性水平检验，实证结果与表 5-4 中模型 Ⅱ 结果基本一致。因此，通过 Winsorize 缩尾法调整样本量后，模型系数估计的结果依然具有稳定可靠性。

5.3.4 影响稻农决策依赖形成的关键因素解析

由表 5-4 中实证结果各因素对稻农生物农药使用决策依赖的影响显著性情况，可归纳总结出 4 个影响稻农生物农药使用时间、品种和剂量决策依赖的公共关键性因素：技术指导专业权威性、稻农病虫害防治能力、年龄和水稻规模。为了更透彻地理解稻农农药使用决策依赖的形成,本节内容将对以上变量在样本中的具体情况展开进一步的讨论与解析。

1. 技术指导专业权威性

从表5-4的实证分析结果来看,技术指导专业权威性对稻农的农药使用时间决策依赖、品种决策依赖和剂量决策依赖均通过1%的显著性水平检验,正向促进稻农决策依赖的形成。由此可见,技术指导专业权威性对于稻农农药使用决策依赖形成发挥重要作用。即当有值得信赖的外部专业技术力量协助时,稻农才更大可能不会依赖个人经验使用农药进行病虫害防治。因为外部技术指导专业权威性越高,稻农听取他人建议时,面临的技术风险越小,进而能更大概率地提升病虫害防治的效率和效果。为了进一步摸清稻农与周围主体的社会关系,问卷中设置"您与以下主体的交流频率和对其信任程度如何?"收集了稻农与种植大户、农资店、农技员、村干部、合作社成员、亲戚和邻居等群体的交流频率和信任程度信息,并通过李克特5分量表进行数据量化。统计结果如图5-4所示。

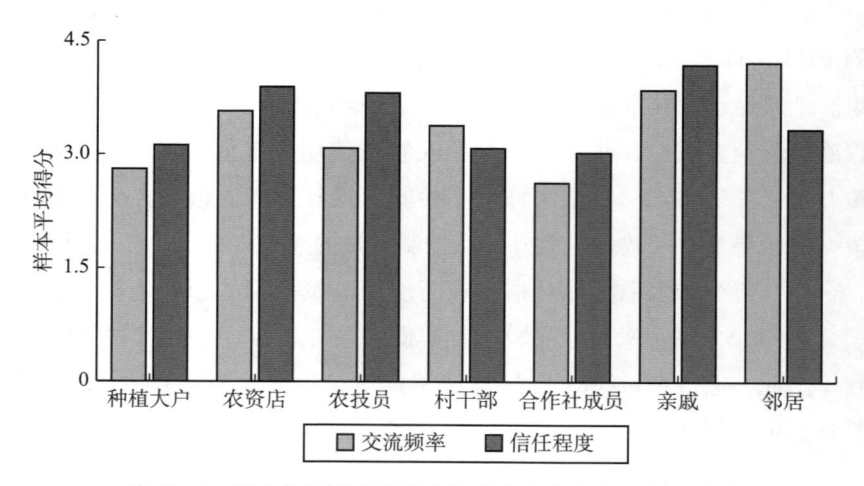

图5-4 稻农与周围主体的交流频率与信任程度得分统计

注:交流频率与信任程度的赋值分别为1~5分,其中很低=1分,较低=2分,一般=3分,较高=4分,非常高=5分;该得分值表征的是稻农的自评结果。

从稻农与周围主体的交流频率来看,稻农交流最为频繁的依次为邻居、亲戚、农资店、村干部、农技员、种植大户和合作社成员。从稻农对周围主体的信任程度来看，稻农最信赖的对象依次是亲戚、农资店、农技员、邻居、村干部、种植大户和合作社成员。可见，除日常生活中的邻居与亲戚之外，农资店和农技员也成为稻农最为信赖且交流较为频繁的群体。稻农在农村的农业生产、生活都具有极强的地域性特征，作为社会人属性的稻农，与周围主体交流过程中获取病虫害防治技术信息的主要来源也就是以上主体。其中农资店是稻农购买化肥、农药、种子和农具等生产物资的主要固定场所，一般而言村庄当地的农资店大多是"熟人"开办，再加上部分农户的"赊账"和"秋后算账"等财务机制的存在，使得农资店愿意并且有动力向稻农提供更专业权威的病虫害防治技术指导。一旦农资店技术指导的专业性和权威性丧失，则其购买农资产品的客户将会大量流失，且农户"欠下的债务"也得不到如期偿还。而农技员则是隶属我国政府部门的公益性农技推广服务组织，是专门从事农业技术研发、推广和示范等工作的专业职员，其权威性不容置疑。再加上目前我国农村大部分地区都实施"驻村农技员"制度，每名农技员都实名协助一定数量的农户开展农业生产，且其技术指导服务的内容将纳入绩效考核体系，这较大程度地提升了农技员提供病虫害防治技术指导的积极性和专业性。

基于以上分析内容可知，农资店和农技员将出于各自利益目标，为稻农提供自身所具备的专业化病虫害防治技术指导服务。稻农也会因为复杂的病虫害信息而时常与农资店和农技员等主体保持交流与联系，在农药的使用上他们更愿意相信这群"专业卖药"和"专业农技员"，继而在依靠自身能力无法有效控制病虫害的情况下，选择更多地依赖这些专业权威性的技术指导主体作出决策，开出"药方"。

2. 稻农病虫害防治能力

从表5-4的实证分析结果来看，稻农病虫害防治能力对稻农的农药使用时间决策依赖、品种决策依赖和剂量决策依赖依次通过5%、1%和5%的显著性水平检验，负向抑制稻农决策依赖的形成。稻农自身所具备的病虫害防治能力是指稻农自身具备的病虫害识别与农药选用能力，强调依赖积累的"个人经验"进行科学使用农药，以降低农业生产自然风险。稻农是"有限理性"，其拥有的病虫害防治知识技能有限，在复杂与不确定的决策环境中，稻农之所以会对外部技术指导主体产生用药决策依赖，其根本原因在于自身能力的不足。病虫害的发生具有多样性、变异性和抗药性等特征，加上市场上不同地区、不同功能、不同品牌的农药种类繁多，具有较强异质性，这些都使得病虫害防治工作的专业性越来越强。受制于自身文化程度、认知水平和农药知识技能的局限性，稻农并不能完全依赖自己能力来有效地控制病虫害。

为了更清晰了解稻农的病虫害防治能力现状，本书绘制了稻农的病虫害防治能力样本分图（见图5-5）。由图5-5可知，95%以上的样本稻农处于病虫害防治能力中低水平，其中50%以上的稻农处于低水平状态。可见样本稻农的整体病虫害防治能力较弱，稻农对于农药属性和病虫害识别等认知了解程度并不高。结合实际调研情况来看，一方面，农技员会定期下田查看水稻病虫害发生状况并及时通报预警信息；另一方面，不少样本稻农表示当遇到不认识的病虫害时，会以抓取水稻病虫样本株前往农资店或农技站咨询的方式，购置相应的农药产品来控制病虫害，因此稻农认为没有必要掌握这些病虫害和农药信息。且农药产品市场的复杂性和病虫害的变异性使得病虫害防治的专业化程度越来越高，在我国农技推广和社会化服务体系日益完善背景下，农业生产市场将进一步分工，病虫害预警和防治的技术职能也将由农技员和农资店承担。

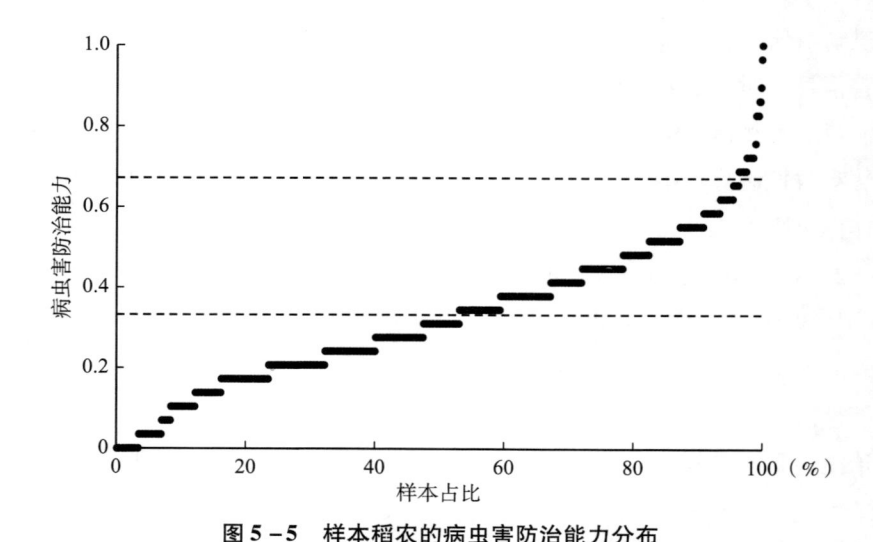

图5-5 样本稻农的病虫害防治能力分布

注：病虫害防治能力由主成分分析后标准化换算至[0, 1]区域，横向虚线分别为病虫害防治能力。低、中、高的分界点为0.33和0.67，黑色区域为样本稻农的分布点。

基于以上分析内容可知，稻农是"有限理性"个体，其病虫害防治能力普遍偏低。由于病虫害的多样性和变异性特征，加上农药产品市场的商品复杂性，稻农短期内无法凭借自身具备的知识结构来有效应对病虫害。可见，当农户自身能力不足时，确实需要外部专业技术推广主体的技术指导来帮助农户决策，继而实现科学施药，降低农业生产的自然风险。

3. 稻农年龄

从表 5-4 的实证分析结果来看，年龄对稻农的农药使用时间决策依赖、品种决策依赖和剂量决策依赖依次通过 1%、5% 和 5% 的显著性水平检验，正向促进稻农决策依赖的形成。可见，随着年龄的增加，稻农在农药使用决策过程中听取外部建议的可能性越来越大。那么，老龄农户为什么会选择要依赖外部主体进行农药使用的决策呢？目前老龄化对农业生产的负面影响已经得到学者们大量的论证，研究视角包括老年农户劳作体能、认知能力、学习能力不足等（陈锡文等，2011；杨志海，2018）。参照类似研究经验，从能力缺失视角来解析年龄与稻农病虫害防治决策依赖之间的关系。首先，参照样本统计分组结果，将样本农户划分为"40 岁以下""40～50 岁以下""50～60 岁以下"和"60 岁及以上"4 个子样本。其次，参照湖北省农业农村厅植保站公布的《当前水稻生产技术指导意见》[①]，挑选 9 种水稻常见病虫害，在调研过程中让稻农进行识别，以客观地测度稻农的病虫害识别能力。最后，借鉴学者研究（Bagheri et al., 2021），通过农药《使用说明书》上的商品标签信息识别程度来客观地测度稻农的农药选用能力。

通过稻农的年龄分组与病虫害识别程度和《使用说明书》识别程度的交叉分组统计，得到表 5-6 所示的统计结果。样本数据结果显示，一是中老年稻农的病虫害识别率要普遍高于青年稻农。从常见病虫害识别率统计来看，40 岁以上的样本稻农的组别均远高于"40 岁以下"样本组，即老年农户认识的病虫害种类比年轻农户多。这主要源于稻农长年累月对生产经验的积累，被访者也多次强调"老人懂得更多"。二是稻农对农药使用说明书的识别程度随着年龄的增长呈现下降趋势，"60 岁及以上"样本稻农普遍对农药使用说明书存在识别困难。一方面老年农户往往受教育程度更低，识字率不高；另一方面老年农户"视力下降"，农药瓶包装上的标签信息和字体又

[①] 湖北省农业农村厅，http://nyt.hubei.gov.cn/。

呈现"小、密、多、杂"特点，加上农药商品的名称大多以化学物质命名，不便于记忆。这些都使得老年农户在农药商品的选择上存在较大的阻碍。

基于以上分析内容可知，虽然老龄农户存在较强的病虫害识别能力，然而却缺失了农药商品的选购能力。显然，要想依赖自身经验实现水稻病虫害的有效治理，不仅需要稻农能准确识别出病虫害的种类，还要科学合理地选购使用相应的农药产品。面对农资店琳琅满目的农药产品，老龄稻农依然需要借助农资店店主、农技员或他人的病虫害防治专业知识来协助自身完成农药品种的选购决策。

表 5-6　　　　　　　　　不同年龄阶段稻农的病虫害识别能力

类别		40 岁以下	40~50 岁	50~60 岁	60 岁及以上
病虫害识别率（%）	稻飞虱	45.27	67.82	66.98	60.71
	稻纵卷叶螟	42.31	62.52	70.59	65.20
	二化螟	30.75	70.25	76.35	70.35
	三化螟	29.01	68.71	76.52	68.19
	稻苞虫	36.52	59.76	69.72	55.26
	稻蓟马	41.01	68.82	70.21	65.06
	稻瘟病	46.63	70.69	80.07	72.35
	水稻纹枯病	41.72	72.31	79.37	67.33
	恶曲病	35.28	68.24	73.42	68.08
农药使用说明书的识别度		4.80	4.05	3.52	2.59

注：病虫害识别指稻农能够准确识别该病虫害，其统计数据为样本农户占比；农药使用说明书识别程度为李克特 5 分量表，且赋值"完全看不懂 = 1，看不太懂 = 2，一般 = 3，部分能看懂 = 4，完全能看懂 = 5"，表中统计数据为各年龄阶段的平均值。

4. 水稻种植规模

从表 5-4 的实证分析结果来看，水稻规模对稻农的农药使用时间决策依赖、品种决策依赖和剂量决策依赖依次通过 1%、5% 和 10% 的显著性水平检验，负向抑制稻农决策依赖的形成。可见，小规模稻农会更多地选择依赖外部技术指导主体进行农药使用的决策，而大规模农户则更偏好依赖自身经验使用农药。从本章节的理论分析可知，稻农选择依赖外部技术指导主体使用农药，而不是去自主学习相关病虫害防治技术，很可能是出于机会成本的考量。基于此，通过交叉表统计了水稻种植规模与稻农兼业程度（见表5-7）。同时考虑到小规模稻农的粮食自给率水平较高，也会影响到农药使用决策（黄炎忠、罗小锋，2018），故将样本稻农的稻谷商品化率指标按照规模进行分组统计。

表5-7　　　　　　　　　　不同生产规模稻农的兼业特征

兼业特征		5亩以下	5~10亩	10~15亩	15亩及以上
兼业程度样本占比（%）	无兼业	35.24	25.78	65.27	80.28
	兼业6个月及以下	19.59	33.97	22.48	16.97
	兼业6个月以上	45.17	40.25	12.25	2.75
稻谷平均商品化率（%）		52.38	72.85	96.72	99.28

注：稻谷商品化率指样本稻农的稻谷出售量与稻谷总产量的比值。

结果显示，"5亩以下""5~10亩""10~15亩""15亩及以上"4个水稻生产规模组别的稻农处于"无兼业"状态的样本占比依次为35.24%、25.78%、65.27%和80.28%，即水稻生产规模越大，兼业的程度越低。大规模的稻农由于水稻日常生产管理过程中需要花费大量的时间用于耕地、制种、插秧、施肥、打药、灌溉和收割等环节，很难再有完整充裕的时间外出务工，参与非农就业的机会更少。相较而言，小规模稻农生产农忙时间更短，时间更加充裕、自由。在我国水稻种植收益较低的现状下，稻农外出参与非农就业的收益可能更大。因此，小规模稻农会更倾向于花更少的时间管理水稻病虫害，而选择直接听取外部专业技术指导人员的建议。此外，大规模稻农的稻田广阔，地块的差异性较大，农技员测报的病虫害预警是某区域病虫害的平均发生概率，对局部地区的稻农田块适用性较弱。加之大规模农户的粮食商品化率较高，更注重水稻种植的单位成本收益。因此，大规模稻农会更愿意结合自家稻田的实际情况开展因地制宜的病虫害防治策略。

基于以上分析内容可知，大规模农户更注重农业生产的成本收益，需要结合田块的实际情况出发，制定相适宜的病虫害防治策略。而小规模稻农因考虑到机会成本的问题，选择直接根据外部技术指导主体的建议使用农药。

故随着稻农生产规模的增加，农药使用对外部的决策依赖也会相应地减弱，大规模稻农会通过个人经验的积累和能力提升来决定农药的使用。

5.4 本章小结

本章从病虫害防治技术指导的现实情境出发，设计题项测度稻农的农药使用决策依赖。基于农户有限理性理论，诠释稻农生物农药使用决策依赖产生的理论框架。并构建二元 Logit 模型论证技术指导信息获取成本、稻农技术学习成本、技术指导专业权威性、稻农病虫害防治能力、水稻病虫害变异程度以及其他控制变量对稻农生物农药使用决策依赖的影响。在此基础上采用替换估计方法、替换指标测度方法和调整样本量的方式依次对实证结果的稳定性进行再估计检验，并着重探讨影响稻农决策依赖的关键因素。研究主要得出以下结论。

（1）由于自身能力有限，稻农无法完全依赖自身经验有效地防治病虫害，需要依赖外部主体提供技术指导，且我国农业技术推广的病虫害预警体系也相对成熟，在害虫防治过程中，农民很容易获得外部技术指导。对稻农的农药使用决策依赖进行测度发现，一是稻农在病虫害防治中的农药使用决策或多或少都会依赖外部主体提供的技术信息，且农资店和农技站是稻农获取技术信息的两个重要来源对象。二是稻农在农药使用产品选择上主要听从农资店的建议，在农药使用剂量判断上主要依靠个人的生产经验。三是稻农在生物农药使用过程中对农技站和农资店的决策依赖的程度更高。

（2）基于有限理性理论可知，稻农自身掌握的病虫害防治信息不完全，具备的能力非常有限。在病虫害变异和农药产品市场变动等不确定性环境下，为了达到水稻生产效用最大化目标，稻农的农药使用决策会在自身经验积累和知识学习或者依赖外部技术指导主体间作出选择。理论分析发现，水稻病虫害防治的技术指导信息获取成本、稻农技术学习成本、技术指导专业权威性、稻农病虫害防治能力和水稻病虫害变异程度是影响稻农生物农药使用决策依赖形成的重要因素。

（3）稻农决策依赖的影响因素实证分析发现，稻农生物农药使用时间决策依赖主要受技术指导专业权威性、稻农病虫害防治能力、年龄、水稻规模、合作社组织和水稻品种的影响；生物农药使用品种决策依赖主要受技术指导信息获取成本、技术指导专业权威性、稻农病虫害防治能力、水稻病虫害变异程度、年龄、受教育程度、务农年限、水稻规模和合作社组织的影响；生物农药使用剂量决策依赖主要受技术指导信息获取成本、稻农技术学习成本、技术指导专业权威性、稻农病虫害防治能力、年龄、务农年限和水稻规模的影响。采用替换估计方法、替换指标测度方法和调整样本量的3种方式依次对样本数据进行再估计检验，均支持了本章实证结果的稳定性，证明了研究结论的可靠性。

第 6 章

技术推广对稻农生物农药使用行为的影响研究

在本书第 4 章中重点探究了政府组织农技站与市场组织农资店的生物农药推广行为机理，并在第 5 章中重点解析稻农生物农药使用决策依赖的行为逻辑。那么在稻农既定的决策依赖发展趋势下，生物农药的推广会如何影响稻农的使用决策？如何改善目前我国生物农药推广效率低下的困境？为此，本章的内容主要论证技术推广、决策依赖与稻农生物农药使用行为三者间的作用路径模型，并结合微观调研数据开展实证分析。本章研究既可以更好地辨析三者间的理论逻辑关系，又可以通过影响机制与异质性检验，寻找更优的生物农药推广策略。

6.1 理论分析与研究假设

6.1.1 技术推广与稻农生物农药使用行为

农业技术推广是将科技创新转化为农业生产力的催化剂，为我国农业现代化发展提供有力支撑（孔祥智、楼栋，2012）。通过农技推广工作的有效开展，可以使传统农业生产要素与最新农业科研技术相结合，实现以科技进步带动农业经济快速发展的农业现代化目标（黄季焜等，2009；胡瑞法、孙艺夺，2018）。农技推广工作的实质是农技人员从科研单位学习掌握最新研发的农业技术，经过消化吸收再传授、传播给农户，其主要工作是在于和农户的交流、沟通，使农业技术在实际生产中得以运用。生物农药作为一种创新型农业生产要素,在替代传统高毒化学农药的进程中,无疑也需要农业技术推广部门积极开展相应的推广工作。目前学者们普遍证实农业技术推广过程中开展的宣传、培训、示范和补贴等工作对生物农药的推广应用具有积极的影响(黄祖辉等,2016;舒斯亮、柳键,2017;沈昱雯等,2020;Benoît et al.,2020;杨钰蓉等,2021;蒋琳莉等,2024)。

其一,农业技术宣传对生物农药使用具有积极影响。生物农药技术宣传不到位被学者们认为是目前阻碍我国生物农药顺利推广的重要原因(刘晓漫等,2018;王建鑫等,2023)。王建华等(2015)学者已经证实,开展合理的技术宣传活动是矫正农户不安全施药行为的有效手段。郭利京和王少飞(2016)认为宣传可以拉近技术推广主体与农户的心理距离,继而提高农户对生物农药的使用积极性。傅新红和宋汶庭(2010)认为应该通过宣传画册和黑板报等形式让农户接收生物农药信息知识。姜利娜和赵霞(2017)研究发现通过商家或政府组织开展讲座宣传的形式,有助于提升农户的生物农药购买意愿。

其二,农业技术培训对生物农药使用具有积极影响。李容容等(2017)认为农技推广工作开展不开,最主要的原因就是在"最后一公里"上没有落实到位。由于农民在知识、技能和经验方面同农技推广人员存在一定的差距,对生物农药技术的理解和使用上会出现很多问题(郭利京、王少飞,2016),而农技推广人员通过开展相关技术培训和指导,能够有效解决农户在实际运用过程中所遇到的困难,并且依据农技人员丰富的经验,可以解决可能出现的一些不可控问题(胡瑞法等,2019),最大限度地保障了生物农药技术的效用发挥。郭荣(2011)、王建华等(2015)、李昊等(2017)、秦诗乐和吕新业(2020)等学者都强调要通过技术培训来提升农户的生物农药认知水平、病虫害防治决策水平以及生物农药技术易用性和有用性感知。

其三,农业技术示范对生物农药使用具有积极影响。一项新的农业技术进行大面积推广使用前,往往会进行区域性试验和示范,因为农业技术的试验和示范过程,对于农户来说能直接观察到该技术的使用效果和经济效益,给周围其他农户的使用决策提供了参考建议(耿宇宁等,2017)。对于习惯使用化学农药的农户而言,生物农药更为陌生,并在使用的过程中可能存在一定的技术风险,技术示范则能有效消除农户心中的"顾虑"(郭利京、王颖,2018)。当然,除了政府部门可以开展生物农药的技术示范实验项目和基地之外（郭荣，2011），也可以通过农民专业合作社（金书秦、方菁，2016）、生产专业大户（胡瑞法等，2019）、科技示范户（刘洋等，2015）和"精英"农户（赵秋倩、夏显力，2020）的示范带头作用，来更快速地向周边辐射并带动农户的生物农药使用。

其四，农业技术补贴对生物农药使用具有积极影响。虽然我国生物农药补贴推进工作起步较晚，但2014年上海、山东等地的生物农药补贴试点经验已充分证明，政策补贴手段可以在源头上有效控制高毒化学农药的购买和使用（邱德文，2015；刘晓漫等，2018）。因为政策补贴能有效降低生物农药的购置成本（黄炎忠、罗小锋，2018），削弱技术与市场的不确定性影响（展进涛等，2020）。现有研究中，学者们普遍认为要构建补贴形式的经济激励机制（耿宇宁等，2017），设立生物农药价格购置补贴（姜利娜、赵霞，2017），给予生物农药施用补贴（郭荣，2011；王建华等，2015；童锐等，2020），应该扩大生物农药补贴试点范围（邱德文，2015；展进涛等，2020）和加大补贴力度（朱淀等，2014；任重、薛兴利，2016），并设置区域性的奖补金额（高杨等，2019）。

综合上述分析，提出研究假设H6-1：开展生物农药技术的宣传、培训、示范和补贴等形式的农业技术推广活动，能有效地促进稻农生物农药使用。

6.1.2 技术推广、决策依赖与生物农药使用行为

虽然农业技术推广对生物农药推广应用的有益影响已经得到学者们的普遍认同，但农业技术推广的效率问题在学术界一直饱受争议。我国政府仍是农技推广的主导力量，而且地方基层农技推广很大程度上依赖于国家政策导向和经费支持（胡瑞法、孙艺夺，2018）。这种"自上而下"的农技推广模式无法满足农户多样化的农业技术需求（李容容等，2017）。生物农药技术推广自2006年"公共植保、绿色植保"理念提出后，就得到社会大众和学者们的一致认可。加之2015年农药使用量"零增长"方案的助推，生物农药得到了国家政府的大力支持，并顺利实现快速发展和普及应用。政府部门也试图在短时间内通过农业技术推广手段来实现生物农药对传统高毒化学农药的替代。由此可见，生物农药技术推广也属于典型的政策主导型农业技术推广范畴。

农业技术推广活动中开展的宣传、培训、示范和补贴等对生物农药推广应用具有积极的影响。学者们发现，合理地开展技术宣传可以传递生物农药信息（王建华等，2015），并矫正农户不安全施药行为（刘晓漫等，2018）。通过技术培训可以增加农户的生物农药知识技能（秦诗乐、吕新业，2020），提升技术的易用性和有用性感知（畅华仪等，2019），能够有效解决农户在实际生产中所遇到的技术困难（Zhou et al.，2020）。技术示范则可以给周边农户的使用决策提供参考建议（耿宇宁等，2017），能有效消除农户心中的"顾虑"，更快地辐射和带动周边农户使用生物农药（郭利京、王颖，2018；郭清卉等，2020）。此外，虽然我国生物农药补贴推进工作起步较晚，但2014年上海、山东等地的生物农药补贴试点经验已充分证明，政策补贴可以在源头上有效实现生物农药对高毒化学农药的替代（任重、薛兴利，2016；刘晓漫等，2018）。

显然，生物农药技术推广的低效率问题也一直存在。目前我国生物农药防治覆盖率只有10%左右，远低于发达国家20%~60%的水平。郭利京和王少飞（2016）研究发现，生物农药推广的长期社会收益与农户的短期私人效益不匹配，市场上对生物农药"叫好不叫座"的群体普遍存在，且农户的生物农药使用行为表现出"说一套，做一套"的冲突（郭利京、王颖，2018）。姜利娜和赵霞（2017）以及罗岚等（2020）也发现农户的生物农药购买意愿与真实行为相悖。造成上述现象的原因可能是农业技术推广过程中生物农药技术示范与财政补贴制度的不完善（耿宇宁等，2017），绿色农产品市场激励不足（刘迪等，2019），政府技术培训和补贴驱动力不足等（朱淀等，2014；童锐等，2020）。可见，开展生物农药的技术推广活动并不必然会促进农户的生物农药使用。

由供给需求理论可知，农户对技术的有效需求是提升农业技术推广效率的有效途径，而稻农的农药使用决策依赖则是典型的技术需求表达方式（李容容等，2017；徐晓鹏，2017）。仅从农业技术推广视角来探讨生物农药技术采纳行为研究的话，只能保障和促进生物农药的有效供给，忽视了农户对生物农药的真实需求。而技术有效需求是决定技术推广成功的关键（黄武，2009）。生物农药技术推广应以满足农户不同的技术需求为出发点，明确农户作为技术需求者和使用者的主体地位，以解决农业生产经营过程中实际遇到的困难为主要目标。例如，生物农药的使用可以保护生态环境、增加农产品收益、保障食品质量安全和降低施药者健康损害等,而存在农药使用决策依赖的稻农,无法依靠自身能力选择合适的农药来实现生产目标效用最大化。稻农需要外部技术指导主体帮助自己完成农药的使用决策。此时,外部技术指导主体能否为稻农提供有效的生物农药技术推广服务,将成为生物农药推广应用成功与否的关键。

综合上述分析,提出研究假设 H6-2:稻农存在农药使用决策依赖的情况下,农业技术推广对稻农生物农药使用行为的影响更加显著。

6.2 模型构建与变量选取

6.2.1 模型构建

1. 技术推广对稻农生物农药使用行为的影响估计

基于理论分析可知,本章节需要估计农业技术推广对稻农生物农药使用行为的影响效应。因此,构建以下模型:

$$biopesticide_i = \alpha + \beta_1 extension_i + \beta_2 control_i + \varepsilon_i \tag{6-1}$$

式(6-1)中,$biopesticide_i$ 表示稻农 i 的生物农药使用行为状态,$extension_i$ 表示技术推广,$control_i$ 为其他影响稻农生物农药使用的控制变量,α 为截距项,β_i 为待估计系数,ε_i 为模型估计残差项。

如若稻农接受技术推广和生物农药使用行为两者间完全独立外生,则利用样本数据对式(6-1)进行传统的最小二乘法估计(OLS)、离散二元选择 Probit 或离散二元选择 Logit 模型估计得到的边际效应 β_1 就可以表征技术推广对生物农药使用行为的真实影响效应。然而,实证计量分析过程中可能存在三个难点。其一是在现实中稻农只处于某一种特定的技术推广状态,同一个样本稻农在接受技术推广之前和接受技术推广之后的两种状态下的生物农药使用行为无法被同时观测,导致技术推广对生物农药使用行为影响的净效应无法被准确估计。其二是稻农接受技术推广和使用生物农药两种行为可能存在共同影响因子,继而导致模型估计中的样本选择性偏误问题。佟大建和黄武(2018)的研究就表明技术推广的对象选择并非随机，为了提高农业技术推广效率，合理地最大化利用农技推广资源，不同社会地位农民能接受到的农业技术推广概率存在较大差异。农业技术推广人员可能会更加注重向更年轻、更大生产规模和更有经营能力的新型农业经营主体开展农业技术推广工作。而具备以上特征的稻农本身就可能因为具有更强的学习能力和生态意识而更大概率地采用生物农药。最终导致模型中部分控制变量，例如生产规模既影响农业技术推广资源的获取，又影响生物农药的使用行为。其三是受限于研究数据与视角，模型设定可能无法控制所有重要变量，且可能存在潜在的互为因果与测量偏误问题导致模型存在内生性。

为了解决以上实证分析过程中可能存在的内生性和样本选择性偏误等问题，本书将借鉴学者（Lokshin and Sajaia，2011）提出的内生转换概率（endogenous switching probit，ESP）模型，利用准自然实验方法估计技术推广对稻农生物农药使用行为的影响效应。该方法存在以下优点：其一是 ESP 模型会利用全信息的最大化似然估计方法（maximum likelihood estimation）来构建与稻农真实情境相反的"反事实情境"，使同一稻农在接受和未接受技术推广状态下的生物农药使用行为概率能同时被估计和预测，继而得到技术推广对稻农生物农药使用行为影响的处理效应；其二是通过选择方程与结果方程的两阶段估计方式，在模型中同时控制了可观测和不可观测因素导致的样本选择性偏误问题，并引入逆米尔斯比率系数来矫正模型设定偏误或遗漏变量问题（Ma and Abdulai，2019）；其三是可在模型中引入工具变量，继而解决模型设定中可能由测量误差、遗漏变量和互为因果等原因导致的内生性问题。ESP 模型的设定与估计过程如下。

首先，参照准自然实验的方法，设置处理组（接受技术推广）和控制组（未接受技术推广）。假定处理变量为 $extension_i$，则 $extension_i = 1$ 表示样本稻农 i 处于处理组，$extension_i = 0$ 则表示样本稻农 i 处于控制组。利用 Probit 模型构建稻农的选择方程（是否接受技术推广）：

$$extension_i^* = \lambda_i V_i + \kappa_i I_i + \varepsilon_i, \begin{cases} extension_i = 1 \ if \ Z_i^* > 0 \\ extension_i = 0 \ otherwise \end{cases} \quad (6-2)$$

式（6-2）中，$extension_i^*$ 为代表稻农接受技术推广的潜变量，该值取决于可观测变量 $extension_i$；V_i 为影响农户获得技术推广概率的其他因素；

λ_i 和 κ_i 为待估计系数，ε_i 为随机干扰项；I_i 为纳入模型的工具变量，本书将借鉴学者（Huang et al.，2020）研究，选取"集镇距离"为工具变量，该工具变量的选取满足相关性和外生性假定。其一是因为技术推广的辐射作用会随着距离的增加而削弱（佟大建、黄武，2018），距离城镇较远的山区和丘陵等区域的技术推广信息获取难度明显增加，即距离集镇越远的稻农，获取技术推广服务的概率越小；其二是居住地与集镇的距离是地理性因素，满足模型外生性的条件，且集镇距离并不直接影响稻农对生物农药的使用。

其次，构建稻农的结果方程（是否使用生物农药）：

$$biopesticide_{1i}^* = \alpha_{1i} X_{1i} + \delta_{1i}, \begin{cases} biopesticide_{1i} = 1 & if\ Y_{1i}^* > 0 \\ biopesticide_{1i} = 0 & otherwise \end{cases} for\ extension_i = 1 \quad (6-3)$$

$$biopesticide_{0i}^* = \alpha_{0i} X_{0i} + \delta_{0i}, \begin{cases} biopesticide_{0i} = 1 & if\ Y_{0i}^* > 0 \\ biopesticide_{0i} = 0 & otherwise \end{cases} for\ extension_i = 0 \quad (6-4)$$

式（6-3）和式（6-4）中 $biopesticide_{1i}^*$ 和 $biopesticide_{0i}^*$ 依次表示稻农使用和未使用生物农药的潜变量，$biopesticide_{1i}$ 和 $biopesticide_{0i}$ 则为相应的可观测变量，α_{1i} 和 α_{0i} 为待估计系数，δ_{1i} 和 δ_{0i} 为随机干扰项。采用最大信息似然估计方法联立估计选择方程和结果方程的参数。两者的区别在于，式（6-3）拟合估计的是所有接受技术推广样本稻农（处理组）中解释变量与被解释变量间的关系，而式（6-4）拟合估计的则是所有未接受技术推广样本稻农（控制组）中解释变量与被解释变量间的关系。

最后，ESP 模型将基于式（6-2）、式（6-3）和式（6-4），利用联合估计方式进一步构建反事实情境，得到技术推广对稻农生物农药使用行为影响的处理效应，该处理效应分为两种类别。

一是已经接受技术推广的稻农，假定其在未接受技术推广的情境下，两者的生物农药使用行为概率存在差异。即对于处理组稻农而言，技术推广对生物农药使用行为影响的平均处理效应（ATT），ATT 数值的计算方法为：

$$ATT = \frac{1}{n} \sum_{i=1}^{n} \{ \Pr(biopesticide_{1i} = 1 | extension_i = 1, X_i) - \Pr(biopesticide_{0i} = 1 | extension_i = 1, X_i) \} \quad (6-5)$$

二是未接受技术推广的稻农与假定在接受技术推广情境下的稻农，两者的生物农药使用行为概率差异，即对于控制组稻农而言，技术推广对生物农药使用行为影响的平均处理效应（ATU），ATU 数值的计算方法为：

$$ATU = \frac{1}{m}\sum_{i=1}^{m}\{\Pr(biopesticide_{1i}=1|extension_i=0,X_i) - \Pr(biopesticide_{0i}=1|extension_i=0,X_i)\} \quad (6-6)$$

式（6-5）和式（6-6）中，n 和 m 分别为处理组和控制组的样本量，据此得到的 ATT 和 ATU 数值即可作为判定技术推广对生物农药使用行为影响的平均处理效应的依据。

2. 决策依赖的调节效应检验

根据温忠麟等（2005）、卢谢峰和韩立敏（2007）等学者的研究可知，目前调节效应的检验方法常见形式有三大类。一是在模型中引入交互项，利用交互效应来判定调节作用的大小和方向，该方法主要适用于调节变量是连续变量的情况。二是利用结构方程模型检验调节效应和影响路径系数大小，该方法主要适用于模型变量是潜变量测度的情况。三是利用分组回归估计的方式检验调节变量，该方法主要适用于调节变量是分类变量的情况。当然，对于复杂模型的调节效应检验则建议采用 Bootstrap 方法对各路径进行逐一估计，例如有中介的调节效应模型或有调节的中介效应模型。考虑到本书中将检验的调节变量是二分类变量（是否存在决策依赖），且要使用 ESP 模型解决模型中样本选择性偏误问题，故采用分组估计的方式，通过存在决策依赖样本组和不存在决策依赖样本组中，技术推广对稻农生物农药使用行为的影响差异来判定调节效应。

6.2.2 变量选取

（1）被解释变量：生物农药使用行为（$biopesticide_i$）。问卷中通过设置"您该年在水稻种植过程中是否使用过生物农药？"题项来表征农户在水稻种植过程中是否使用过生物农药的行为状态。稻农使用过生物农药定义为 $biopesticide_i=1$，未使用过则定义为 $biopesticide_i=0$。

（2）处理变量：技术推广（$extension_i$）。问卷中通过设置"您是否接受过与生物农药相关的技术推广活动？"题项来表征农户是否接受技术推广的状态。同理，稻农接受技术推广定义为 $extension_i = 1$，未接受技术推广则定义为 $extension_i = 0$。需要说明的是该技术推广的内容必须与生物农药相关，不涉及化肥、种子、机械等其他内容，同时技术推广活动包含农技员、农资店、种粮大户等主体开展的正式与非正式的产品推介、技术宣传、技术示范、技术培训和技术补贴等内容。

（3）其他控制变量。考虑到稻农生物农药使用决策受到诸多内外部因素的共同影响，本书必须控制其他关键影响变量，从而才能在保证模型设定准确的情况下，识别技术推广带来的净影响。借鉴现有学者的研究成果，尽量控制影响稻农生物农药使用行为的其他重要因素，主要包含稻农个人特征、家庭特征、生产经营特征、市场效益、农户认知等变量（傅新红、宋汶庭，2010；王常伟、顾海英，2013；蔡荣等，2019；Yang et al.，2019；黄炎忠等，2020）。

稻农个人特征方面选取受访者年龄、受教育程度和风险偏好3个指标。以往研究指出，老年农户的信息获取能力和学习能力较低，因而更加依赖传统化学农药的使用，生物农药的使用率将更低（郭清卉等，2020；杨程方等，2020）。受教育程度更高的农户综合素质能力更强，对化学农药危害的认知水平更高，使用环境保护型绿色农药的可能性更大（刘洋等，2015）。此外，风险偏好是决定稻农农药使用的关键因素，风险规避型农户往往更偏向于使用化学农药，目前生物农药的使用存在一定的技术风险（Petrescu - Mag et al.，2019；杜三峡等，2021）。

家庭特征方面选取家庭收入和种粮目的2个指标。家庭收入的高低影响着家庭农业生产资金的多寡，家庭收入更高的农户不仅有更充足的资金购买到生物农药（傅新红、宋汶庭，2010），且对消费品质量的要求更高（Okello and Swinton，2010；伍骏骞等，2023），故使用生物农药的概率可能更大。种粮目的会影响稻农的生产消费效用函数，市场销售的目的是实现农业生产利润最大化，而口粮生产的目标则是实现食品质量安全效用的最大化（黄炎忠、罗小锋，2018；宋聪聪等，2024），使得口粮生产型稻农更愿意使用生物农药。

生产经营特征方面选取水稻规模、合作社组织2个指标。生产规模更大的农户使用生物农药的概率更高，因为大规模农户学习生物农药知识技术的边际成本更低（曹冉、张宗利，2024），面临市场农产品质量抽检的风险更大，因此更倾向于使用低毒低残留的生物农药（郭荣，2011；罗小锋等，2020）。合作社组织不仅能够规范和统一社员的农业生产投入方式，而且能为社员提供必要的病虫害防治技术支持和绿色农产品市场销售服务，进而促进农户绿色安全农药使用（蔡荣等，2019；展进涛等，2020）。

市场效益方面选取农残检测、三品一标认证、稻谷出售价格和病虫害防治成本4个指标。生物农药相较化学农药而言，具有低毒低残留易降解的优良特性。农药残留检测使得稻农在化学农药使用过程中面临更大的市场风险，进而更倾向于使用生物农药（王建华等，2015；任重、薛兴利，2016）。三品一标认证是实现绿色农产品溢价的市场化手段，通过产品质量认证与区域品牌效应，实现绿色农产品市场信息的传递，降低信息不对称程度，使得稻农使用生物农药生产的稻谷能实现市场"优质优价"（刘迪等，2019）。稻谷出售价格和病虫害防治成本体现了稻农农业生产成本收益，是影响稻农经济行为的核心指标。病虫害防治成本越高、稻谷市场利润越低的情况下，使用生物农药的概率可能越小（刘晓漫等，2018）。同时生产的稻谷也可能面临"柠檬市场"效应，无法实现优质优价（Yang et al.，2019）。

农户认知方面选取生态环保意识和食品安全认知2个指标。传统高毒高残留化学农药的使用造成严重的面源污染问题，使得水、土壤和空气中残留的农药在动植物体内富集，继而破坏生态系统生物多样性，最终危害人类身体健康（俞欢慧等，2014；Islam et al.，2020；宋宝安，2020）。生物农药对病虫害的毒杀靶向性较强，采用的原料更易被大自然降解，具有较强的生态环境效益，对人的危害程度小（陶应时等，2016；徐红星等，2019）。因此，稻农生态环保意识和食品安全认知水平越高的农户，使用生物农药的概率可能越大。

此外，考虑到不同样本区域的地理环境、经济发展水平和政治文化差异，在模型中按照湖北省的行政区域划分，纳入地区控制变量。同时，不同品种水稻种植季节性特征、病虫害发生规律和耕种模式差异性较大，模型中纳入水稻品种控制变量。模型中各变量的定义与描述如表6-1所示。

表6－1 模型中各变量的定义、赋值与描述统计结果

变量名称	变量的具体定义与赋值说明	接受技术推广样本 ($N=722$) 均值	接受技术推广样本 ($N=722$) 标准差	未接受技术推广样本 ($N=426$) 均值	未接受技术推广样本 ($N=426$) 标准差	均值差异
生物农药使用行为	稻农是否使用过生物农药？是=1，否=0	0.652	0.132	0.517	0.176	0.135**
技术推广	稻农是否接受过生物农药相关技术推广？是=1，否=0	1.000	0.000	0.000	0.000	—
受访者年龄	受访者的真实年龄（岁）	48.272	9.201	52.329	7.865	−4.057***
受教育程度	受访者接受教育的年限（年）	9.263	2.357	8.256	3.051	1.007
风险偏好	受访者的风险态度：风险厌恶型=1，风险中立型=2，风险偏好型=3	1.768	1.029	1.806	0.986	−0.038
家庭总收入	家庭总收入水平（万元）	13.882	5.120	10.257	4.281	3.625*
种粮目的	水稻种植的主要目的是：口粮自给=1，市场销售=0	0.256	0.097	0.678	0.205	−0.422**
水稻规模	水稻生产经营面积（亩）	8.372	5.265	2.156	1.283	6.216***
合作社组织	稻农是否参加大民专业合作社：是=1，否=0	0.256	0.335	0.317	0.158	−0.061
农残检测	收获的稻谷是否进行农药残留检测？是=1，否=0	0.152	0.105	0.167	0.121	−0.015
三品一标认证	生产的稻谷是否进行"三品一标"认证？是=1，否=0	0.109	0.056	0.098	0.047	0.011
稻谷出售价格	该年稻谷出售的平均市场价格（元/千克）	2.067	0.247	1.989	0.316	0.078
病虫害防治成本	该年单位面积水稻种植的病虫害防治平均成本（元/亩）	29.766	10.050	30.258	9.372	−0.492
生态环保意识	生态环境保护重要性程度认知：1～5分，依次为非常不重要至非常重要	3.625	1.002	3.577	0.991	0.048
食品安全认知	食品安全重要性程度认知：1～5分，依次为非常不重要至非常重要	4.256	0.648	4.572	0.719	−0.316
集镇距离	稻农常住地距离集镇的距离有多远？（千米）	2.597	0.858	3.168	1.067	−0.571*
地区	样本农户区域：荆门=1，非荆门=0	0.105	0.025	0.089	0.021	0.016
水稻品种	水稻种植类型：中稻=1，非中稻=0	0.625	0.151	0.528	0.147	0.097

注：***、**和*分别表示通过1%、5%和10%的显著性水平检验，均值差异数值为独立样本t检验结果，N表示样本量。地区与品种控制变量均以虚拟变量的形式在模型中加以控制，表中未全部列出。

从表 6-1 中各指标的统计结果来看，接受农业技术推广样本稻农与未接受农业技术推广样本稻农的组间均值在受访者年龄、家庭收入、种粮目的、水稻规模、集镇距离等指标统计上差异显著，即稻农是否能接受到技术推广服务并非完全随机，而是表现为年龄越小、家庭收入越高、市场销售为主、水稻规模较大和集镇距离较近的稻农，获得的技术推广服务更多。因此也初步可以判定模型中的样本选择性偏误问题确实存在。此外，从生物农药使用行为的数值分组统计结果来看，接受技术推广服务样本稻农的生物农药使用率为 0.652，显著高于未接受技术推广服务样本稻农的 0.517，可见在技术推广情境下，使用生物农药的稻农更多。

6.3 实证结果与分析

6.3.1 选择方程与结果方程的联立估计结果与分析

在进行基准回归估计之前，通过模型中各变量方差膨胀系数 VIF 值小于 10 的判定标准，我们排除变量间可能由严重共线性导致的有偏估计。为了识别选择方程（是否接受技术推广）与结果方程（是否使用生物农药）之间是否存在关联性，采用 MLE 对两方程进行联立估计。通过对式（6-2）、式（6-3）和式（6-4）的联立得到表 6-2 所示的结果。从选择方程与结果方程估计的相关系数来看，ρ_{ua} 和 ρ_{un} 分别通过 10% 和 5% 的显著性水平检验，表明两方程估计结果中的协方差矩阵确实存在关联，稻农接受技术推广和使用生物农药两种行为之间并不完全独立。由此，间接论证了模型可能存在的样本自选择问题，使用 ESP 估计方法是必要可行的。

当然，我们还要对工具变量的有效性进行检验。考虑到选择方程与结果方程是通过联立估计或 ESP 模型估计，两者在方法执行过程中均无法实现传统两阶段回归估计方法（2SLS）中的杜宾-吴-豪斯曼检验（DWH）和弱工具变量检验，来验证模型是否存在内生性以及工具变量的理想程度。本书借鉴相关研究（Ma et al., 2018）中的工具变量检验方式，① 利用工具变量"集镇距离"依次与稻农是否接受技术推广和生物农药使用行为进行 Probit 回归估计，估计结果显示集镇距离变量对稻农是否接受技术推广的影响通过 5% 的显著性检验，正向促进稻农接受技术推广概率；同时，集镇距离变量对稻农生物农药使用行为的影响并未通过显著性检验。在此基础上，进一步借鉴学者研究（Huang et al., 2020），依次利用工具变量"集镇距离"与稻农是否接受技术推广和生物农药使用行为进行交叉表统计。皮尔森相关性检验结果显示，集镇距离与稻农是否接受技术推广存在正相关，而与生物农药使用行为相关性并不显著。② 以上两种检验结果均在一定程度上间接验证工具变量相关性与外生性假定。

接下来，基于表 6-2 所示估计结果，逐一解析稻农接受技术推广和使用生物农药行为的影响因素，以便更好地理解和把握选择方程与结果方程间的内在联系。

表 6-2　　　　　　　　选择方程与结果方程的联立估计结果

变量	选择方程：技术推广		结果方程：生物农药使用行为			
			已接受技术推广		未接受技术推广系数	
	系数	标准误	系数	标准误	系数	标准误
受访者年龄	-0.034***	0.009	-0.017*	0.009	-0.011*	0.006
受教育程度	0.071***	0.025	0.063**	0.025	0.039**	0.015
风险偏好	0.158	0.108	0.121	0.109	0.076	0.067
家庭收入	0.034**	0.014	0.029**	0.012	0.016**	0.006
种粮目的	-0.242**	0.104	0.248	0.199	0.219*	0.122
水稻规模	0.012***	0.002	-0.001	0.002	-0.001	0.001
合作社组织	-0.008	0.110	0.032	0.114	0.020	0.069
农残检测	-0.201	0.216	0.067**	0.028	0.041**	0.029
三品一标认证	0.101	0.171	0.441**	0.168	0.088	0.104
稻谷出售价格	-0.006	0.008	-0.003	0.008	0.012**	0.005

---

① 该研究也是利用 ESP 模型验证非农就业对智能手机使用的影响，在研究方法上与本书类似，具有借鉴价值。

② 回归结果较为简单，文中暂未列出具体结果。

续表

变量	选择方程：技术推广		结果方程：生物农药使用行为			
			已接受技术推广		未接受技术推广系数	
	系数	标准误	系数	标准误	系数	标准误
病虫害防治成本	-2.766	3.879	-1.701**	0.745	-1.123*	0.625
生态环保意识	-0.068	0.072	0.035	0.073	0.223***	0.044
食品安全认知	-0.107	0.114	0.190*	0.113	0.177**	0.070
集镇距离	0.316**	0.117	—	—	—	—
地区	-0.370**	0.182	-0.260	0.176	-0.164	0.108
水稻品种	-0.214	0.109	0.129	0.115	0.076	0.071
常数项	0.948	1.100	0.916*	0.493	0.585	0.467
ρ_{ua}	—		-0.308*	0.169		
ρ_{un}	—				-0.435**	0.156
Log pseudo likelihood	-468.725		—		—	
Wald test 卡方值	5.830***		—		—	
样本量	1148		1148		1148	

注：***、**和*分别表示回归系数通过1%、5%和10%的显著性水平检验。

1. 稻农接受技术推广的影响因素

从表6-2中选择方程的估计结果来看，稻农是否能接受技术推广主要受到受访者年龄、受教育程度、家庭收入、种粮目的、水稻规模、集镇距离和地区变量的显著影响。具体而言，受访者年龄对稻农是否接受技术推广的影响通过1%的显著性水平检验，且方向为负。表明年龄更大的稻农接受生物农药技术推广的概率更小，因为老龄农户本身信息获取能力较弱，对新事物的接受能力下降，处于技术推广体系的弱势地位（佟大建、黄武，2018）。受教育程度对稻农是否接受技术推广的影响通过1%的显著性水平检验，且方向为正。表明接受更多教育的稻农更大概率地获得了生物农药技术推广服务，因为受教育程度较高的农户具备更强的学习和信息获取能力，且在受教育程度普遍低下的农民群体中，高教育水平的农户往往会被更多关注和重视。家庭收入对稻农是否接受技术推广的影响通过5%的显著性水平检验，且方向为正。家庭收入水平越高的农户对农业生产资金的配置约束越少，更容易成为高成本生物农药的潜在使用者，继而成为生物农药技术推广的主要受众，例如农资店主会更多地向高收入农户推介生物农药产品。

种粮目的对稻农是否接受技术推广的影响通过5%的显著性水平检验，且方向为负，表明商品粮生产的稻农相对口粮生产稻农而言更易得到生物农药技术推广。目前我国中小规模水稻生产中，存在典型的"既吃又卖"特征，而口粮生产型稻农普遍是分散小农户，他们接受的技术推广无法得到有效保障。水稻规模对稻农是否接受技术推广的影响通过1%的显著性水平检验，且方向为正，表明生产规模越大的稻农接受生物农药技术推广的概率更大。生产规模较大的农户，特别是新型经营主体是我国农业生产的"主力军"，也是目前技术推广的主要受众。集镇距离对稻农是否接受技术推广的影响通过5%的显著性水平检验，且方向为正。主要是因为技术推广站和农资店主要聚集在集镇，使得距离集镇越近的稻农获取技术推广服务的便利程度越高，且农业技术的远距离扩散使得生物农药技术推广的效果不断下降。地区对稻农是否接受技术推广的影响通过5%的显著性水平检验，且方向为负，可见鄂东的黄冈地区稻农接受生物农药技术推广的概率更大，这可能与区域性的技术推广体系和政策相关。

2. 稻农生物农药使用行为的影响因素

从表6-2中结果方程的估计结果来看，稻农生物农药使用行为主要受到受访者年龄、受教育程度、家庭收入、种粮目的、农残检测、三品一标认证、稻谷出售价格、病虫害防治成本、生态环保意识、食品安全认知等变量的显著影响。具体而言，受访者年龄对稻农生物农药使用行为的影响通过10%的显著性水平检验，且方向为负，表明年龄越大的稻农使用生物农药的概率更低。老年农户在以往生产经验中已经形成的用药"习惯"短期内很难改变，可能导致新型生物农药对传统化学农药的替代存在较大的现实阻碍。受教育程度对稻农生物农药使用行为的影响通过5%的显著性水平检验，且方向为正，表明接受高教育水平的稻农使用生物农药的可能性更大。可能原因是高教育水平的农户对生物农药的认知水平更高，对生物农药的生态环境和身体健康保护的技术属性认可度更高，且高教育水平的农户能通过报纸、书籍、网页和新媒体等渠道学习接触到更多生物农药的知识。家庭收入对稻农生物农药使用行为的影响通过5%的显著性水平检验，且方向为正，即家庭收入水平更高的稻农更倾向于使用生物农药。因为高收入水平农户的农业生产资金约束更小，相较贫困家庭购买高价格生物农药的可能性更大（任重、薛兴利，2016），且高收入群体农户对食品安全效用的追求更高，进而选择使用低毒低残留的生物农药。种粮目的对未接受技术推广样本稻农生物农药使用行为的影响通过5%的显著性水平检验，且方向为正。可见，在未接受技术推广的样本稻农群体中，口粮生产型稻农更倾向于使用生物农药，因为口粮生产型稻农更注重稻谷的质量安全。

农残检测对稻农生物农药使用行为的影响通过5%的显著性水平检验，且方向为正，表明农残检测可以促进稻农更多地使用生物农药。因为传统化学农药的残留现象普遍存在，而生物农药具备低残留、易降解的技术属性特征。三品一标认证对已接受技术推广样本稻农生物农药使用行为的影响通过5%的显著性水平检验，且方向为正。即通过构建农产品品牌或农产品质量认证制度，可以促进更多的稻农使用生物农药，因为高质量农产品的生产会倒逼稻农使用更绿色安全的生产方式（于法稳，2018；韩长赋，2018）。稻谷出售价格对未接受技术推广样本稻农生物农药使用行为的影响通过5%的显著性水平检验，且方向为正。可见，市场上的优质优价原则可以激励稻农使用生物农药生产更绿色安全的稻谷。病虫害防治成本对已接受和未接受技术推广样本稻农生物农药使用行为的影响依次通过5%和10%的显著性水平检验，且方向为负，表明较高的病虫害防治投入对生物农药的使用具有一定阻碍作用。生物农药制作工艺与原料获取成本偏高，导致生物农药产品的市场售价普遍高于化学农药，这增加了稻农生产的单位成本投入。生态环保意识对未接受技术推广样本稻农生物农药使用行为的影响通过1%的显著性水平检验，且方向为正，表明生态环保意识越高的稻农使用生物农药的概率越大。因为生物农药不会造成严重的面源污染和环境破坏，是典型的绿色安全农药。食品安全认知对已接受和未接受技术推广样本稻农生物农药使用行为的影响依次通过10%和5%的显著性水平检验，且方向为正，表明食品安全认知程度越高的稻农使用生物农药的概率越大。因为使用生物农药能生产出更安全和更有质量保障的稻谷，可能降低和避免化学农药过量使用导致的农产品安全事故。

6.3.2 平均处理效应的估计结果与分析

为了获得技术推广对稻农生物农药使用行为的影响效应，利用式（6-5）和式（6-6），可以进一步测算得到技术推广对稻农生物农药使用行为影响的平均处理效应 ATT 与 ATU 的具体数值，结果如表 6-3 所示。对于已经接受技术推广的样本稻农，其使用生物农药的平均概率为 0.552，而在虚拟的情境中，假定其未接受技术推广时，生物农药的平均使用概率为 0.435。表明对于接受技术推广样本稻农而言，技术推广对稻农生物农药使用行为影响的平均处理效应 ATT 为 0.117，即技术推广使得稻农生物农药的使用概率增加 11.7%。同理，对于未接受技术推广的样本稻农，其使用生物农药的平均概率为 0.467，而在虚拟的情境中，假定其接受技术推广时，生物农药的平均使用概率为 0.570。表明对于未接受技术推广样本稻农而言，技术推广对稻农生物农药使用行为影响的平均处理效应 ATU 为 0.103，即技术推广可以使得稻农生物农药的使用概率增加 10.3%。

表 6-3　技术推广对稻农生物农药使用行为影响的平均处理效应

样本稻农	生物农药使用概率 接受农业技术推广	生物农药使用概率 未接受农业技术推广	平均处理效应 ATT	平均处理效应 ATU
接受技术推广稻农	0.552	0.435	0.117 *** (3.276)	—
未接受技术推广稻农	0.570	0.467	—	0.103 *** (4.191)

注：*** 表示该值通过 1% 的显著性水平检验。t 检验统计量是通过 Stata 15.1 中的"ttesti"命令估计得到的 t 值，括号内数值表示 t 值。

综合上述分析可知，技术推广对稻农生物农药使用行为的平均处理效应为 10.3%~11.7%，也即技术推广可以促进稻农生物农药使用概率提升 10.3%~11.7%，验证研究假设 H6-1。技术推广对生物农药推广应用的有益影响结论与耿宇宁等（2017）、姜利娜和赵霞（2017）等学者基本一致。生物农药作为新型病虫害防治技术，在对传统高毒化学农药进行产品替代的过程中，开展生物农药技术推广活动无疑是提升技术扩散速度与效率的有效手段。同时也可以看出，无论是已经接受技术推广，还是暂未接受技术推广的样本稻农群体，都要加强生物农药技术的推广力度，两者均能显著且较大幅度地增加生物农药使用概率。

6.3.3 稳健性检验

在处理横截面数据的样本自选择问题时，常用的计量解决手段中准自然实验方法除内生转换模型之外，倾向性得分匹配法（propensity score matching，PSM）也得到学者们的普遍认可与应用（Ma et al.，2018；徐志刚等，2019；罗必良、张露，2020）。因此，本书拟采用 PSM 模型对数据进行再估计，通过替换实证分析方法来对 ESP 模型的估计结果进行稳定性检验。PSM 模型方法的原理也是设置处理组（接受技术推广）与控制组（未接受技术推广）两组样本，通过控制已纳入模型中的可观测变量进行样本匹配，使得配对完成后的样本除了是否接受技术推广存在差异外，其余变量特征基本达成一致，在此基础上进一步估计接受技术推广对稻农生物农药使用行为影响的平均处理效应。

首先，对模型中变量进行平衡性检验。我们需要对式（6-1）中的所有控制变量进行倾向得分匹配，以在控制组中找到与处理组中相似的匹配样本。本书采用近邻匹配的一对一匹配原则，利用 Stata 15.0 软件对样本数据进行处理。

其次，估计技术推广对稻农生物农药使用行为影响的平均处理效应。为了得到稳定可靠的估计结果，本书中采用近邻匹配（一对一匹配）、卡尺匹配（卡尺为 0.01）和核匹配（默认使用二次核函数，宽带为 0.06）共 3 种样本匹配方式，来估计技术推广对稻农生物农药使用行为的平均处理效应，得到如表 6-4 所示结果。近邻匹配、卡尺匹配和核匹配的结果显示，技术推广对稻农生物农药使用行为的平均处理效应依次为 0.142、0.126 和 0.123，即技术推广促进稻农使用生物农药的概率提升 12.3% ~ 14.2%。该结论显然支持 ESP 模型中技术推广有益于稻农生物农药使用的结论，表明上述实证结果较为稳健。同时，由于 PSM 模型只控制了可观测变量，无法控制不可观测变量和未纳入模型的其他变量，因此模型仍可能存在"隐性偏误"问题（陈强，2014），导致 PSM 估计的 ATT 实证结果略微大于 ESP 的实证结果。当然，类似的 PSM 高估效应也可以从相关研究（Ma et al.，2018）中得到启示。

表 6-4　　　　　倾向得分匹配法估计的平均处理效应结果

匹配方法	平均处理效应（ATT）	自助标准误	t 值
近邻匹配（一对一匹配）	0.142***	0.094	3.213
卡尺匹配（卡尺为0.01）	0.126***	0.061	4.525
核匹配（宽带为0.06）	0.123***	0.063	4.175

注：*** 表示通过 1% 的显著性水平检验，自助标准误通过在 Stata 软件中采用自助法迭代 500 次得到（Spline 命令）。

6.3.4　决策依赖的调节效应检验

需要说明的是，稻农是否存在决策依赖的表现形式有 3 种：农药使用时间决策依赖、农药使用品种决策依赖和农药使用剂量决策依赖。考虑到本书探讨稻农是否使用生物农药决策主要是在"化学农药"和"生物农药"间作出选择，涉及农药品种的决策问题，故以农药使用品种决策依赖表征稻农的决策依赖状态，作为调节变量来进行实证检验。按照稻农在农药的使用过程中是否存在农药使用品种决策依赖，将样本组划分为两个子样本组（组别Ⅰ和组别Ⅱ），即存在农药使用品种决策依赖样本组和不存在农药使用品种决策依赖样本组。在两个子样本中依次使用 ESP 模型，估计技术推广对稻农生物农药使用行为的影响，估计结果如表 6-5 所示。

表 6-5　　　　　决策依赖的调节效应分组检验结果

调节情境	样本稻农	生物农药使用概率 接受技术推广	生物农药使用概率 未接受技术推广	平均处理效应 ATT	平均处理效应 ATU
组别Ⅰ：存在农药使用品种决策依赖	接受技术推广稻农	0.796	0.435	0.361*** (4.508)	—
	未接受技术推广稻农	0.653	0.406	—	0.247*** (2.886)

续表

调节情境	样本稻农	生物农药使用概率 接受技术推广	生物农药使用概率 未接受技术推广	平均处理效应 ATT	平均处理效应 ATU
组别Ⅱ：不存在农药使用品种决策依赖	接受技术推广稻农	0.502	0.456	0.046** (2.092)	—
	未接受技术推广稻农	0.511	0.459	—	0.052 (1.401)

注：*** 和 ** 分别表示该数值通过 1% 和 5% 的显著性水平检验。t 检验统计量是通过 Stata 15.1 中的"ttesti"命令估计得到的 t 值，括号内数值为 t 值。

对于存在农药使用品种决策依赖的样本稻农而言（组别Ⅰ），对于已经接受技术推广的样本稻农，其使用生物农药的平均概率为 0.796，而在虚拟的情境中，假定其未接受技术推广时，生物农药的平均使用概率为 0.435。可知对于接受技术推广的样本稻农而言，技术推广对稻农生物农药使用行为影响的平均处理效应 ATT 为 0.361，表明技术推广使得稻农生物农药的使用概率增加 36.1%。同理，对于未接受技术推广样本稻农而言，技术推广对稻农生物农药使用行为影响的平均处理效应 ATU 为 0.247，表明技术推广使得稻农生物农药的使用概率增加 24.7%。即对于存在农药使用品种决策依赖的样本稻农而言，技术推广能使稻农生物农药使用概率提升 24.7% ~ 36.1%。

对于不存在农药使用品种决策依赖的样本稻农而言（组别Ⅱ），对于已经接受技术推广的样本稻农，其使用生物农药的平均概率为 0.502，而在虚拟的情境中，假定其未接受技术推广时，生物农药的平均使用概率为 0.456。可知对于接受技术推广的样本稻农而言，技术推广对稻农生物农药使用行为影响的平均处理效应 ATT 为 0.046，表明技术推广使得稻农生物农药的使用概率增加 4.6%。同理，对于未接受技术推广的样本稻农而言，技术推广对稻农生物农药使用行为影响的平均处理效应 ATU 为 0.052，表明技术推广使得稻农生物农药的使用概率增加 5.2%。即对于不存在农药使用品种决策依赖的样本稻农而言，技术推广能使稻农生物农药使用概率提升 4.6% ~ 5.2%。

综上可知，决策依赖在技术推广对稻农生物农药使用行为影响中的调节作用显著存在，验证了研究假设 H6-2。表现为具有决策依赖的样本农户，其技术推广带来的生物农药使用概率提升作用更大；而对于没有决策依赖的样本农户，技术推广带来的生物农药使用概率提升作用较小。这也可以在一定程度上解释技术推广在不同人群中的推广效率差异问题。显然，针对有决策依赖的样本农户进行生物农药技术推广，其农技推广的效率更高、效果更佳。

由于生物农药的技术推广和决策依赖都是二元虚拟变量，因此可以采用交互乘项的方式对调节作用进行再估计，以验证调节效应结果的稳定性。利用 Binary Probit 模型对样本数据进行回归得到表 6-6 所示结果。从表中回归结果的交互项来看，其指标通过 1% 的显著性检验，正向促进稻农的生物农药使用概率。结合技术推广指标正向显著影响的结果来看，决策依赖显著促进技术推广的正向促进效果，即决策依赖的调节效应显著存在。

表 6-6　　　　　决策依赖调节效应检验的再估计结果

变量	生物农药使用行为 (1)	生物农药使用行为 (2)
技术推广	0.256 * (0.142)	0.176 * (0.094)
决策依赖	0.017 *** (0.005)	0.010 ** (0.004)
技术推广×决策依赖	—	0.109 *** (0.025)
其他变量	已控制	已控制
Wald 值	98.72 ***	95.30 ***
Pseudo R^2	0.056	0.043

注：本表估计结果是 Binary probit 估计结果，列（1）为技术推广和决策依赖对稻农生物农药使用行为的影响，列（2）则是在此基础上纳入交互项后的估计结果。***、** 和 * 分别表示通过 1%、5% 和 10% 的显著性水平检验，括号内数值为 t 值。

6.4　技术推广对稻农生物农药使用行为影响异质性分析

6.4.1　技术推广主体与方式的影响差异

考虑到技术推广主体与内容的差异，本书进一步细致论证其对稻农生物农药使用行为的影响差异。我国多元主体参与的技术推广体系已经初步形成，技术推广的内容也日渐丰富。厘清何种技术推广方式更有利于生物农药技术的普及应用，对于提高生物农药的推广效率和效果具有重要的实践价值。我们将全样本划分为"存在决策依赖"和"不存在决策依赖"2个子样本进行分组估计，以讨论调节效应在不同组别中的强弱，得到如表6-7所示结果。可以发现，对于"存在决策依赖"的样本组农户而言，技术推广主体和技术推广内容带来影响的平均处理效应数值更大且更加显著。再次验证假设H6-2。以下实证结果的分析内容将以"存在决策依赖"情境下的估计结果为例。

表6-7　技术推广主体与方式对生物农药使用行为的影响效应

组别	类别	存在决策依赖 ATT	存在决策依赖 ATU	不存在决策依赖 ATT	不存在决策依赖 ATU
农业技术推广主体	农资店	0.305** (2.052)	0.296** (2.102)	0.132* (1.975)	0.109* (1.722)
	农技站	0.257*** (3.158)	0.242*** (3.097)	0.025 (1.253)	0.076* (1.691)
	亲朋好友	0.098** (1.990)	0.105** (2.055)	0.076* (1.807)	0.081** (2.005)
	新型经营主体	0.120 (1.658)	0.117* (1.960)	0.025 (1.192)	0.083 (1.052)
农业技术推广方式	产品推介	0.296*** (4.217)	0.287*** (3.325)	0.205 (1.329)	1.752 (1.594)
	技术宣传	0.176* (1.975)	0.159* (1.803)	0.126* (1.991)	0.105* (1.959)
	技术示范	0.285*** (3.120)	0.271*** (2.991)	0.156* (1.851)	0.172** (2.039)
	技术培训	0.155** (2.225)	0.148* (1.803)	0.077* (1.828)	0.069* (1.766)
	技术补贴	0.080* (1.730)	0.052 (1.506)	0.005 (0.928)	0.003 (1.201)

注：*、**和***依次表示回归系数通过10%、5%和1%的显著性水平检验；括号内数值为t值；调研中稻农也可能存在接受多主体多内容的技术推广，但考虑到交叉统计组合较多，无法逐一验证，此处仅采用虚拟变量的形式，估计单项主体与内容的平均处理效应；此表中决策依赖依然指农药使用品种决策依赖。新型经营主体主要包括家庭农场、种粮大户和合作社等。

在技术推广主体方面，依次利用 ESP 模型分样本估计农资店、农技站、亲朋好友和新型经营主体的技术推广对稻农生物农药使用行为影响的平均处理效应。其中农资店进行的技术推广对稻农生物农药使用行为影响的平均处理效应 ATT 和 ATU 分别为 0.305 和 0.296，说明其促进稻农生物农药使用概率提升 29.6% ~ 30.5%；同理，农技站带来的平均处理效应 ATT 和 ATU 分别为 0.257 和 0.242，使得稻农生物农药使用概率提升 24.2% ~ 25.7%；亲朋好友带来的平均处理效应 ATT 和 ATU 分别为 0.098 和 0.105，使得稻农生物农药使用概率提升 9.8% ~ 10.5%；新型经营主体带来的平均处理效应 ATT 和 ATU 分别为 0.120 和 0.117，使得稻农生物农药使用概率提升 11.7% ~ 12.0%。总的来看，农资店和农技站开展的技术推广对稻农生物农药使用行为影响的促进作用最大。

在技术推广方式上，依次利用 ESP 模型分样本估计产品推介、技术宣传、技术示范、技术培训和技术补贴的技术推广对稻农生物农药使用行为影响的平均处理效应。其中产品推介方式的技术推广对稻农生物农药使用行为影响的平均处理效应 ATT 和 ATU 分别为 0.296 和 0.287，说明其促进稻农生物农药使用概率提升 28.7% ~ 29.6%；同理，技术宣传带来的平均处理效应 ATT 和 ATU 分别为 0.176 和 0.159，使得稻农生物农药使用概率提升 15.9% ~ 17.6%；技术示范带来的平均处理效应 ATT 和 ATU 分别为 0.285 和 0.271，使得稻农生物农药使用概率提升 27.1% ~ 28.5%；技术培训带来的平均处理效应 ATT 和 ATU 分别为 0.155 和 0.148，使得稻农生物农药使用概率提升 14.8% ~ 15.5%；技术补贴带来的平均处理效应 ATT 和 ATU 分别为 0.080 和 0.052，使得稻农生物农药使用概率提升 5.2% ~ 8.0%。总的来看，产品推介和技术示范形式开展的技术推广对稻农生物农药使用行为影响的促进作用最大，其后是技术宣传与技术培训。

虽然目前我国技术推广参与主体呈现多元化特征，但不可否认的是农资店和农技站一直以来都是市场主体与政府主体的典型权威代表（左两军等，2013；孙生阳等，2018；Huang et al.，2021）。结合实证结论来看，无论是市场化的农资店，还是公益性的农技站，都将在我国未来生物农药技术推广应用过程中发挥主导作用。此外，关于生物农药的产品推介和技术示范是目前效果最好的技术推广方式。可能的原因是生物农药技术以具体的产品形态呈现时，更容易被稻农理解和掌握（或更易被记忆），因为生物农药的技术内涵非常繁杂，例如制作原料、组合配比和操作流程等。同时生物农药使用可能存在的技术风险，使得风险规避型稻农更倾向于技术示范的推广方式。相较而言，生物农药的技术宣传和技术培训力度尚有待加强。调研中发现生物农药技术培训与宣传往往是夹杂在农药减量技术、种植技术、肥料管理技术和废弃物资源化利用技术等繁杂的技术推广活动中。农户从宣传和培训中获得的生物农药技术信息非常有限。此外，我国目前生物农药技术补贴的方式大多由政府直接支持农药生产企业，稻农所感知到的生物农药产品购置补贴力度也不足。

6.4.2 技术推广对不同特征农户的影响差异

本书将进一步分析技术推广对不同特征稻农生物农药使用行为的影响差异。一方面，由于不同特征的农户所处的社会地位差异性大，接受技术推广的机会和使用生物农药的目标不同（佟大建、黄武，2018；郭利京、王颖，2018），因此，在对稻农推广生物农药的过程中必须考虑到群体的差异性；另一方面，不同特征稻农在农药使用品种的决策方式上也存在较大差异，决策依赖的状态差异也将使得同样的技术推广活动对不同特征稻农生物农药使用行为的影响效果产生差异。因此，本章基于稻农个人特征与决策依赖间的统计关系，利用 ESP 模型分别从水稻规模、稻农年龄、受教育程度、生产组织形式和兼业程度 5 个方面对样本稻农进行分组估计。同理，将全样本划分为"存在决策依赖"和"不存在决策依赖" 2 个子样本进行结果对比，以讨论调节效应在不同组别中的强弱，得到表 6-8 所示结果。同理，假设 H6-2 同样成立。以下实证结果分析内容也将以"存在决策依赖"情境下的估计结果为例。

表6-8 技术推广对不同特征农户生物农药使用行为的影响效应

组别	类别	存在决策依赖 ATT	存在决策依赖 ATU	不存在决策依赖 ATT	不存在决策依赖 ATU
水稻种植规模	5 亩以下	0.296*** (3.322)	0.287*** (2.986)	0.125** (2.056)	0.172** (1.988)
	5~10 亩	0.205*** (3.402)	0.211*** (3.313)	0.079* (1.658)	0.102* (1.676)

续表

组别	类别	存在决策依赖 ATT	存在决策依赖 ATU	不存在决策依赖 ATT	不存在决策依赖 ATU
水稻种植规模	10~15亩	0.166** (1.986)	0.157* (1.769)	0.105 (1.237)	0.107 (1.136)
	15亩及以上	0.109* (1.917)	0.085 (1.125)	0.091 (1.006)	0.108 (0.974)
稻农年龄	40岁以下	0.123** (2.201)	0.125* (1.849)	0.122* (1.951)	1.120 (1.506)
	40~50岁	0.214** (2.051)	0.208* (1.976)	0.128* (1.971)	0.107* (1.803)
	50~60岁	0.277*** (4.256)	0.280*** (3.977)	0.212** (1.997)	0.197** (2.003)
	60岁及以上	0.165*** (3.269)	0.157*** (3.058)	0.102* (1.714)	0.097** (2.325)
受教育程度	小学及以下	0.268** (1.989)	0.264** (2.001)	0.133* (1.716)	0.168* (1.813)
	初中	0.205 (1.571)	0.217 (1.609)	0.172 (1.328)	0.119 (1.526)
	高中	0.216* (1.936)	0.197* (1.907)	0.180 (0.987)	1.262 (1.076)
	大专及以上	0.199* (1.781)	0.210 (1.683)	0.099 (1.085)	0.128 (1.163)
生产组织形式	普通小农户	0.180* (1.862)	0.193* (1.705)	0.120 (1.513)	0.136 (1.257)
	专业合作社	0.255*** (3.291)	0.247*** (3.270)	0.176** (2.067)	0.190*** (2.716)
	种粮大户	0.194** (2.563)	0.189** (2.601)	0.172 (1.539)	0.142* (1.711)
兼业程度	无兼业	0.271* (1.956)	0.265** (2.031)	0.176 (1.625)	0.182 (1.537)
	兼业6个月及以下	0.305*** (4.175)	0.281*** (3.906)	0.271*** (2.782)	0.195** (2.350)
	兼业6个月以上	0.052 (0.257)	0.056 (0.352)	0.019 (0.165)	0.023 (1.012)

注：*、**和***依次表示回归系数通过10%、5%和1%的显著性水平检验；括号内数值为t值；此表中决策依赖依然指农药使用品种决策依赖；技术推广指农户接受了任一主体的产品推介、技术宣传、技术示范、技术培训和技术补贴等。

1. 技术推广对不同生产规模稻农生物农药使用行为的影响差异

结果显示，技术推广对"5亩以下"稻农生物农药使用行为影响的平均处理效应 ATT 和 ATU 分别为0.296和0.287，促使稻农生物农药使用概率提升28.7%~29.6%；同理，对"5~10亩""10~15亩"和"15亩及以上"稻农生物农药使用概率提升作用依次为20.5%~21.1%、15.7%~16.6%和8.5%~10.9%。由此可知，随着水稻生产规模的增加，技术推广对稻农生物农药使用行为的影响效应在下降，即针对中小规模农户开展技术推广活动是目前快速推进生物农药普及应用的有效途径。种粮大户、家庭农场和合作社等农业新型经营主体往往具备较强的自主决策能力，其获取技术信息的渠道也丰富多样。相较而言，中小规模农户在技术推广体系中处于弱势地位，其技术认知水平低、知识储备不足和技术信息获取渠道单一等（胡瑞法等，2019）。因此，针对庞大数量的中小规模农户开展技术推广活动，能在短期内引导和规范农户施药行为上取得更大的边际效用。当然，政府农技推广资源有限性无法满足众多小农户的需求，如何有效利用数字信息技术开展线上农技推广也是未来提升我国农技推广效率的重要手段（Gao et al., 2020）。

2. 技术推广对不同年龄稻农生物农药使用行为的影响差异

结果显示，技术推广对"40岁以下"稻农生物农药使用行为影响的平均处理效应 ATT 和 ATU 分别为0.123和0.125，促使稻农生物农药使用概率提升12.3%~12.5%；同理，对"40~50岁""50~60岁"和"60岁及以上"稻农生物农药使用概率提升作用依次为20.8%~21.4%、27.7%~28.0%和15.7%~16.5%。由此可知，随着稻农年龄的增加，技术推广对稻农生物农药使用行为的影响效应呈现先增加后下降的变化趋势，即针对40~60岁的中老年农户开展生物农药技术推广活动的效果更好。目前我国从事农业生产的青年农户数量极少，其中从事传统粮食生产的人员比重少之又少，他们经营农业的市场逐利目标也更加明确（李庆等，2019），而市场收益的不确定性可能会阻碍其生物农药的使用。此外，对于60岁以上的老年农户而言，其劳动力体力和人力资本积累速度都呈现大幅度下降（胡雪枝、钟甫宁，2013），技术推广的内容很难被他们理解、消化和吸收，技术推广的效果就大打折扣。因此，要合理利用政府和市场资源对农业生产的中老年农户进行技术推广,以提升生物农药技术推广的效率和效果。

3. 技术推广对不同受教育程度稻农生物农药使用行为的影响差异

结果显示,技术推广对"小学及以下"稻农生物农药使用行为影响的平均处理效应 ATT 和 ATU 分别为 0.268 和 0.264,促使稻农生物农药使用概率提升 26.4%~26.8%;同理,对"初中""高中"和"大专及以上"稻农生物农药使用概率的提升作用依次为 20.5%~21.7%、19.7%~21.6% 和 19.9%~21.0%。由此可知,随着稻农受教育程度的增加,技术推广对稻农生物农药使用行为的影响效应逐渐减弱,即针对受教育程度更低的农户开展生物农药技术推广,取得的效果将会更好。受教育程度较高的样本农户自主学习能力更强,人力资本积累速度更快,在生物农药替代化学农药的进程中,其主动积极使用生物农药的可能性更大(朱淀等,2014;黄炎忠等,2020)。而低教育水平的农户则更需要外部专业技术力量开展技术推广,以更好地理解和吸收生物农药技术信息。因此,在我国农业劳动力受教育水平普遍偏低的现实情境下,针对生物农药开展技术推广活动是非常有必要的,特别是对小学及以下教育程度农户更是如此。

4. 技术推广对不同生产组织形式稻农生物农药使用行为的影响差异

结果显示,技术推广对"普通小农户"稻农生物农药使用行为影响的平均处理效应 ATT 和 ATU 分别为 0.180 和 0.193,促使稻农生物农药使用概率提升 18.0%~19.3%;同理,对"专业合作社"和"种粮大户"稻农生物农药使用概率提升作用依次为 24.7%~25.5% 和 18.9%~19.4%。由此可知,对不同生产组织形式农户开展生物农药技术推广的效果具有一定差异,其中对专业合作社农户生物农药推广应用的促进作用更好。相对分散的普通小农户而言,农民专业合作社统一的生产管理制度使得生物农药在合作社的推广应用过程更加"强硬"。而且合作社能够为社员提供便利的生物农药采购服务、技术指导和销售渠道,使得生物农药技术从推广到应用的转化更加具有保障(蔡荣等,2019)。此外,针对种粮大户的生物农药技术推广也是非常有必要的,因为种粮大户的化学农药替代潜力大,群体的目标与数量也较为明确,农业生产技术需求量更大(罗小锋等,2016)。因此,通过合理的生产组织形式开展阶段性和差异化的生物农药技术推广,有助于顺利推进我国化学农药减量增效战略目标。

5. 技术推广对不同兼业程度稻农生物农药使用行为的影响差异

结果显示,技术推广对"无兼业"稻农生物农药使用行为影响的平均处理效应 ATT 和 ATU 分别为 0.271 和 0.265,促使稻农生物农药使用概率提升 17.1%~26.5%;同理,对"兼业6个月及以下"和"兼业6个月以上"稻农生物农药使用概率提升作用依次为 28.1%~30.5% 和 5.2%~5.6%。由此可知,随着兼业程度的增加,技术推广对稻农生物农药使用行为的影响效应呈现先增加后下降的变化趋势,也即针对短期兼业的农户开展生物农药技术推广,将取得更好的推广效果。目前农户兼业已成为我国农村社会发展中农民分化的重要方向(姜长云,2015),农业生产者"农忙务农,农闲务工"的兼业行为将在我国长期存在(陈奕山,2019)。农户兼业后农业生产重心会有所偏移,导致农业生产的时间和精力投入减少,在水稻病虫害防治和农药产品的选购上更愿意接受技术推广主体的建议,以降低时间机会成本。然而,长时间兼业也会使得农户务农意愿下降,对生产要素的投入不再关心,进而削弱生物农药技术推广带来的有益影响。因此,为满足短期兼业农户的技术推广需求,可以针对性地开展生物农药技术推广活动以促进其技术采纳。

6.5 本章小结

本章基于技术供给需求理论,阐述了技术推广、决策依赖与稻农生物农药使用行为三者间的逻辑关系。利用内生转换概率模型估计技术推广对稻农生物农药使用行为影响的平均处理效应,在此基础上以分组估计方式检验决策依赖的调节作用。并论证了技术推广主体与内容的影响差异,以及技术推广对不同特征农户的影响差异。研究主要得出以下结论。

(1)由供给需求理论分析可知,稻农农药使用行为的决策依赖是典型的技术需求表达途径。技术推广对稻农生物农药使用行为的影响受到决策依赖的调节,表现为具有农药使用品种决策依赖的稻农,其生物农药技术的推广应用效果更好。决策依赖可以在一定程度上解释不同群体农户的技术推广效果差异,可以为后期我国生物农药的快速普及应用提供借鉴思路。

（2）技术推广可以促进稻农生物农药使用概率提升 10.3%~11.7%。利用内生转换概率模型，估计技术推广对稻农生物农药使用行为影响的平均处理效应 ATT 和 ATU 分别为 0.117 和 0.103，且 PSM 模型估计的结果依然支持上述结论。同时发现，稻农是否能接受技术推广主要受到受访者年龄、受教育程度、家庭收入、种粮目的、水稻规模、集镇距离和地区变量的显著影响。稻农生物农药使用行为则主要受到受访者年龄、受教育程度、家庭收入、种粮目的、农残检测、三品一标认证、稻谷出售价格、病虫害防治成本、生态环保意识、食品安全认知等变量的显著影响。

（3）决策依赖在技术推广对稻农生物农药使用行为影响中的调节作用显著存在。具体表现为对于存在农药使用品种决策依赖的样本稻农而言，技术推广能使稻农生物农药使用概率提升 24.7%~36.1%；对于不存在农药使用品种决策依赖的样本稻农而言，技术推广能使稻农生物农药使用概率提升 4.6%~5.2%。

（4）通过对技术推广主体与内容的影响差异分析发现，农资店、农技站、亲朋好友和新型经营主体中，农资店和农技站开展的技术推广对稻农生物农药使用行为影响的促进作用最大，依次为 29.6%~30.5% 和 24.2%~25.7%；在产品推介、技术宣传、技术示范、技术培训和技术补贴等技术推广内容中，产品推介和技术示范形式开展的技术推广对稻农生物农药使用行为影响的促进作用最大，依次为 28.7%~29.6% 和 27.1%~28.5%。且技术推广对不同特征农户的影响具有明显差异。

第 7 章

主要结论与政策建议

本书围绕技术推广、决策依赖和稻农生物农药使用行为三者间的关系提出问题并展开研究设计。利用湖北省 1148 份稻农微观调研数据和部分访谈文本数据进行实证分析后，主要得出以下研究结论和政策启示。

7.1 主要结论

（1）生物农药是我国替代高毒化学农药最具潜力的绿色农药品种，且水稻的生物农药推广应用是实现我国农药使用量负增长目标的重要突破口。通过湖北省调研发现，稻农的绿色生产认知水平不断提升，其化学农药减量意愿虽然较强，但生物农药使用意愿和实际使用比重仍有待提升。

具体来看，其一，中国共产党第十八次全国代表大会上，我国制定了"绿色化"发展战略，并于 2015 年实施农药使用量"零增长"行动方案，2019 年中央一号文件指出要实现农药使用量负增长。生物农药推广应用被认为是实现我国农药减量增效的核心技术手段，是我国替代高毒化学农药最具潜力的绿色农药品类。其二，虽然我国的生物农药已进入快速发展阶段，登记品种和数量明显增加，但其生产企业数量仍不及化学农药企业的 25%，且生物农药的市场份额占比仅为 10% 左右，生物农药无论是品种数量还是使用量都远远低于化学农药。水稻作为我国病虫害暴发频率较高的三大主粮作物之一，且绝大部分常见的水稻病虫害都在生物农药产品可防治的范畴，其生物农药的应用与推广是实现我国农药使用量"负增长"目标和保障口粮质量安全的关键突破口，水稻生物农药产品的开发潜力较大。其三，湖北省生物农药推广应用研究能为长江经济带省（市）农药减量增效目标实现提供实践参考价值。通过对该省水稻种植户调研发现，稻农对生物农药使用的生态与社会价值感知较高，但对生物农药使用的经济价值感知较低；稻农的化学农药减量意愿较强，但仍有 60.65% 的样本稻农没有明确的生物农药使用意愿，且稻农大多处于生物化学农药"混用"状态，生物农药使用比重仍有待提升。

（2）政府组织、市场组织和稻农三主体的决策间存在关联性。增加财政经费支持、农药减量监管惩罚、农药减量的政绩考核力度是加快政府组织推广生物农药的有效手段；增加生物农药推广补贴则能显著加快市场组织推广和稻农使用生物农药的决策速度；提升稻农对农产品质量安全和生态环境保护的认知水平，能有效加快稻农使用生物农药。质性研究表明，政府组织与市场组织决策子系统间存在相互影响。

具体来看，其一，政府组织推广生物农药的概率会随着市场组织推广生物农药和稻农使用生物农药概率的下降而增加，市场组织推广生物农药的概率则随着政府组织推广生物农药概率和稻农使用生物农药概率的增加而增加，稻农使用生物农药的概率随着市场组织推广生物农药概率的增加而增加。其二，政府组织、市政组织和稻农构成的三主体生物农药推广使用系统均衡决策 ESS 受到系统中财政经费支持、生物农药推广补贴、监管惩罚、生物农药宣传成本等具体参数的影响。其三，Matlab 软件仿真结果表明，系统决策演化的路径均符合理论推导结果。且政府组织推广生物农药的初始概率增加，会缩短系统三主体决策演化的时间；市场组织推广生物农药的初始概率增加，则会延长政府组织决策的演化时间，缩短稻农决策的演化时间；稻农使用生物农药的初始概率增加，使得市场组织会更快地作出推广生物农药决策响应。其四，通过对农技站和农资店访谈文本数据进行文本分析发现，绿色发展理念、农药减量规划、财政经费支持、技术人才支撑、减量风险成本和监管考核制度对政府组织的生物农药推广行为产生直接影响。农药产品认知、专业知识技能、市场利润空间、信誉声誉机制、产品研发供给、政策支持引导对市场组织的生物农药推广行为产生直接影响，且政府组织与市场组织的生物农药推广决策子系统内部、子系统之间也会存在相互影响。

（3）在农业技术推广体系日趋完善的背景下，受限于自身能力不足，96% 的样本稻农在农药使用时间、品种和剂量决策上要依赖外部技术主体。

稻农在农药使用时间确定上主要听从农技站建议，在农药使用品种选择上主要听从农资店建议，在农药使用剂量判断上主要依赖个人经验，且生物农药使用的决策依赖程度更高。

具体来看，其一，由于自身能力有限，稻农无法完全依赖自身经验有效地防治病虫害，需要依赖外部主体提供技术指导。且我国农业技术推广的病虫害预警体系也相对成熟，在害虫防治过程中，农民很容易获得外部技术指导。例如，农技站负责"组织实施重大病虫害监测与控制"，有责任和义务向稻农提供农药使用建议和方案；农药零售商在向农民销售农药的同时，实现了部分病虫害防治与农药使用技术信息的有效传递。其二，稻农在农药使用时间、品种和剂量方面或多或少地都会依赖外部主体提供的技术信息，很少有稻农单纯依靠个人经验施药，且农资店和农技站是稻农获取技术信息的主要来源。且统计数据显示，70.80%的样本稻农在农药使用时间确定上听从农技站的建议，47.81%的样本稻农在农药使用产品选择上听从农资店的建议，40.88%的样本稻农在农药使用剂量判断上主要依赖个人经验。[①] 其三，生物农药使用的外部决策依赖程度更高，农资店和农技站对稻农生物农药使用决策的影响更大。

（4）有限理性理论分析表明，水稻病虫害防治的技术指导获取成本、稻农技术学习成本、技术指导专业权威性、稻农病虫害防治能力和水稻病虫害变异程度是影响稻农决策依赖形成的重要因素。且这些因素对稻农农药使用时间、品种和剂量决策依赖的影响存在一定差异。

具体来看，其一，在病虫害变异和农药产品市场变动等不确定性环境下，为了达到水稻生产效用最大化目标，稻农的农药使用决策会在自身经验积累和知识学习或者依赖外部技术指导主体间作出选择。有限理性理论分析发现，水稻病虫害防治的技术指导获取成本、稻农技术学习成本、技术指导专业权威性、稻农病虫害防治能力和水稻病虫害变异程度是影响稻农决策依赖形成的重要因素。其二，实证分析发现，稻农农药使用的时间决策依赖主要受技术指导专业权威性、稻农病虫害防治能力、年龄、水稻规模、合作社组织和水稻品种的影响；农药使用的品种决策依赖主要受技术指导获取成本、技术指导专业权威性、稻农病虫害防治能力、水稻病虫害变异程度、年

[①] 资料来源：课题组收集的1148份稻农有效调查问卷统计结果。

龄、受教育程度、务农年限、水稻规模和合作社组织的影响；农药使用的剂量决策依赖主要受技术指导获取成本、稻农技术学习成本、技术指导专业权威性、稻农病虫害防治能力、年龄、务农年限和水稻规模的影响。采用替换估计方法、替换指标测度方法和调整样本量的3种方式依次对样本数据进行再估计检验，依然支持了本章实证结果的稳定性。其三，技术指导专业权威性、稻农病虫害防治能力、年龄和水稻规模是影响稻农农药使用时间、品种和剂量决策依赖的公共关键性因素，其中，技术指导专业权威性越高、年龄越大、稻农病虫害防治能力越弱、水稻规模越小的稻农更易产生决策依赖。

（5）稻农农药使用的决策依赖行为是典型的技术需求表达方式，且技术推广对稻农生物农药使用行为的影响受到决策依赖的调节，表现为具有农药使用品种决策依赖的稻农，其生物农药技术的推广应用效果更好。当然，该作用效果在不同的群体中也表现出差异性。

具体来看，其一，内生转换概率模型估计结果显示，技术推广对稻农生物农药使用行为影响的平均处理效应 ATT 和 ATU 分别为 0.117 和 0.103，即技术推广可以促进稻农生物农药使用概率提升 10.3%~11.7%，且 PSM 模型估计的结果依然支持上述结论。其二，以农药使用品种决策依赖表征稻农的决策依赖状态，作为调节变量来进行实证检验发现，决策依赖在技术推广对稻农生物农药使用行为影响中的调节作用显著存在。具体表现为对于存在农药使用品种决策依赖的样本稻农而言，技术推广能使稻农生物农药使用概率提升 24.7%~36.1%；对于不存在农药使用品种决策依赖的样本稻农而言，技术推广能使稻农生物农药使用概率提升 4.6%~5.2%。其三，农资店、农技站、亲朋好友和新型经营主体中，农资店和农技站开展的技术推广对稻农生物农药使用行为影响的促进作用最大，依次为 29.6%~30.5% 和 24.2%~25.7%；产品推介、技术宣传、技术示范、技术培训和技术补贴等技术推广内容中，产品推介和技术示范形式开展的技术推广对稻农生物农药使用行为影响的促进作用最大，依次为 28.7%~29.6% 和 27.1%~28.5%。其四，随着水稻生产规模和稻农受教育程度的增加，技术推广对稻农生物农药使用行为的影响效应在下降；随着稻农年龄和兼业程度的增加，技术推广对稻农生物农药使用行为的影响效应呈现先增加后下降的趋势；生物农药推广对专业合作社农户的促进作用效果更好。

7.2 政策建议

基于以上研究结论，为快速有效地开展生物农药技术推广和普及应用，实现化学农药持续减量增效和使用量"负增长"目标，以奠定农业高质量绿色发展基础，引申出部分可供参考的政策建议。

7.2.1 加强生物农药产品研发，提升其产品市场占有率

（1）要增加生物农药产品研发的力度。目前市场上能供农户选择的生物农药产品严重不足，主要表现为并不是所有的病虫害都有相应的生物农药，以及针对特定病虫害的生物农药产品品种也较为单一。生物农药产品系列不完整和产品的丰富度不够，使得农户的购买需求无法得到满足，这必然会阻碍生物农药产品的市场推广。从我国农药销售市场的统计数据来看，并非所有的生物农药产品都推广不顺利，如市场上常见的苏云金杆菌、阿维菌素、赤霉素、井冈霉素和苦参碱等明星产品已经具有非常好的市场前景，在同类型农药产品中也占据较大的市场份额，其产品性能不低于普通化学农药，且具备低毒低残留易降解的特性。如果能再研发推广出类似特点的优良生物农药品种，势必也会被消费者所接受，继而加快生物农药产品替代化学农药产品的步伐。因此，要增加生物农药产品研发的力度，朝着市场认可的"好产品"为目标，开发更多系列产品的同时，拓展生物农药产品的市场占有份额。

（2）激励多元化研发主体参与，拓展生物农药产品结构。从中国农药网统计的生物农药登记数量来看，生物农药市场上同类型产品登记数量增加迅猛，形成不同类型生物农药产品开发结构不均衡的现象。[①] 例如，植物源农药登记产品中的苦参碱、鱼藤酮和印楝素成分的生物农药产品占了总数的84%，其中仅苦参碱类产品就占 57%。其实，相同主成分的同类型生物农

---

① 数据来源于中国农药网（http：//www.agrichem.cn/），网页文章"我国生物源农药登记情况汇总"[2020-12-03]。

药产品的差异性不大，其病虫害防治的功能也相似，这就导致了局部的生物农药产品竞争，降低政府和市场资源的有效利用效率。因此，要激发高等院校、科研院所和科技公司等多主体的生物农药研发参与，而不仅仅依赖于农药制药厂商，要针对不同的生物农药有效成分，形成科学合理的分工，齐头并进式地开发生物农药新产品。因此，要通过多主体研发的分工合作来实现生物农药产品系列的完整性，增加市场产品丰富度，保障农户在选购生物农药产品的过程中"有得选""可以选"。

（3）要加快生物农药产品的推广示范工作。生物农药产品登记数量正在逐步增加，如何将这些专利技术资源最大化地转化为农业生产力是需要解决的现实问题。而且很多生物农药产品更新迭代的速度非常快，生物农药产品的有效性还有待市场的长期检验。针对其中性能优良的生物农药产品，政府和企业要优先推广，而针对无效或低效的生物农药产品也要及时进行淘汰，避免影响生物农药市场的整体声誉。在生物农药产品的推广途径方面，以农资店为代表的市场组织和以农技站为代表的政府组织是主要的推广力量。在农药使用决策依赖的形成趋势下，要善于利用这两类主体的资源来开展生物农药的推广普及。生物农药要完成对化学农药的替代，必须让农户看到真实的效果，感受到真正的市场效益。因此，也要积极开展生物农药产品的技术示范工作，让更多农户了解生物农药产品的同时，检验生物农药产品的技术属性，打消农户使用生物农药的后顾之忧。

（4）要规范生物农药产品的市场秩序。目前国家出台了一系列生物农药产品的登记、实验与上市的优惠倾斜政策，《农药工业"十三五"发展规划》《2020年种植业工作要点》《农药管理条例》等文件都有涉及。类似地，农业农村部也试图通过适当地减少实验内容和缩短实验周期的方式，鼓励加快生物农药产品的研发与登记。优惠政策出台的最初目的是整合市场资源，继而加快生物农药产品研发速度。但也会带来一定的政策风险，导致一些不法农药制药厂商利用制度的漏洞，例如，不断登记注册同质或低效的生物农药产品，借助生物农药的政策优惠再大量上市，不断挤占市场空间来获取产品利润。因此，在生物农药激励政策制度执行期，也要出台相应的市场秩序规范政策，通过生物农药产品的监管来辅助市场形成生物农药产品的"优胜劣汰"机制，进而形成良性循环的生物农药产品市场氛围。此外，在生物农药与化学农药的同类型（相同功效）产品推介的过程中，要突出生物农药产品的陈列摆放位置，增加农户选购生物农药的便利性。

7.2.2 提升绿色生产意识，增强农户使用生物农药动力

（1）要提升农产品质量安全意识。随着农村经济的快速发展，农民的物质生活水平得到很大程度的提升，其食品消费观念也发生了较大改变，农民的观念由"吃得饱"向"吃得好"明显转变，开始越来越关注农产品的质量安全问题，这确实也符合了我国传统农业向高质量绿色农业发展的需要。生物农药区别于普通化学农药的关键是低残留和人畜无害的优良属性特征，即生物农药使用后能更有效地保障农产品质量安全。农户有获得农产品质量安全的需要，且生物农药又恰好能够满足农户这种需求。本书中演化博弈的仿真结果也表明，提升农户对生态环境保护和食品质量安全的认知水平能有效促进稻农快速作出使用生物农药的决策。因此，提升农业生产者的绿色生产意识，能有效改变农户的效用感知，进而增强使用生物农药的动力。

（2）要提升生态环境保护意识。生物农药病虫害防治的靶向性特征以及低残留易降解的技术属性，使得其带来的环境效应明显优于普通化学农药。但研究结果表明农户虽然认可生物农药使用的环境效益，但使用生物农药的意愿仍然不高。因为农户对"成本收益"的私人经济目标更加关注，而忽视了生物农药使用"生态环境保护"的社会效益目标。由于生物农药使用的"绿色"属性特征，使得正外部性始终存在。推广应用生物农药的目标是实现社会效益的最大化。如何将社会效益尽可能地向农户私人效益目标转化是影响该技术是否能被使用者接受的关键。当然，在宣传生物农药技术绿色理念的同时，也可以普及化学农药带来的社会负面影响，进而拉大生物农药与化学农药的生态环境保护效益差距，让农户真切地感受到生物农药使用能带来的长远社会效益。由于短期内无法识别环境质量的改变，只有出于长期可持续发展以及子孙后代延续发展的考虑，农户才可能将"公共的"社会环境效益纳入私人效益目标进行决策考量。因此，要从生物农药使用的环境有益性和化学农药使用的环境破坏性两方面着手，基于长远的家庭综合效益角度来提升民众的生态环境保护意识，继而促进环境友好型生物农药的推广应用。

（3）要降低农户对生物农药使用的技术风险感知。化学农药已经被农

户长期使用，其技术成熟度和市场认可度极高。生物农药的产品属性优势整体而言并不能完全超过化学农药，甚至在农药速效和市场价格等方面处于劣势地位。水稻病虫害的暴发具有典型的短、频、快特点，若没有科学的农药产品加以控制，短期内很可能会造成巨大的粮食减产损失。实际上生物农药产品的药效发挥虽然慢，但定向杀虫的效果依然是非常好的，在正确严格的操作标准下，可以极大地规避生物农药药效低的问题。例如，倡导提前施药预防、准确识别害虫病症、正确使用农药剂量等。当然，生物农药产品药效的评价需要至少一个生产周期来识别，可以通过采取"肉眼可见"的技术实验和示范的方式，向农户展示其真实的杀虫效果，进而降低农户的技术风险感知，建立生物农药市场的产品信任。因此，依然要加大生物农药技术和产品的研发力度，致力于实现生物农药产品药效的稳定发挥，从而在产品功能上能完全取代化学农药，降低农户对生物农药使用的技术风险感知。

（4）要提升农户生物农药使用的市场效益。生物农药制作的原料是天然物质，其制作工艺和程序相对复杂，导致生物农药产品的市场价格相对较高。因此，追求市场经济利益最大化目标的商品化粮食生产农户出于经济效益的考量，很可能不愿选择使用生物农药，除非使用生物农药后能获得更大的亩均收益。这势必要求使用生物农药生产的粮食能卖出更高的市场价格。然而，由于柠檬市场效应的存在，我国绿色农产品的"优质优价"市场原则无法得到保障，农户即使生产出低农药残留的高质量大米，也可能很难卖出更高的市场价格。因此，要通过绿色农产品品牌、农产品可追溯体系、农药残留检测和订单农业等手段，来不断完善我国的绿色农产品市场环境。当且仅当农户使用生物农药的市场效益得到明显改善时，市场的力量才能引导农户"主动"积极地使用生物农药，继而摒弃使用已久的化学农药。因此，需要提升农户生物农药使用的市场效益，让农户改掉传统的化学农药使用习惯，并能够从生物农药的使用中获益更多。

7.2.3 发挥决策依赖的积极作用，优化生物农药技术推广路径

（1）要客观认识稻农决策依赖的形成趋势。农业生产专业化分工将进一步演化，资金、机械和技术投入开始逐步取代劳动力，农户从事的农业生产环节被简化，病虫害的防治也可以完全依托外部专业的技术服务组织。因

此，未来农业的发展未必需要农户一定要积累多少病虫害防控的知识与能力，农户产生农药使用决策依赖是农业生产分工深化的具体表现。随着农药使用决策依赖程度的进一步加深，则可以通过引导决策依赖对象（农资店和农技站）的方式，规范众多小农户的科学施药行为，从而大幅度提升生物农药和其他农药减量技术的推广效率。

（2）要辩证地看待现有的生物农药推广效率提升策略。从目前的大多数研究来看，学者们普遍强调要通过宣传、培训、授课等再教育的形式来提升农户的科学施药能力，或者通过发展病虫害防治社会化服务的形式来解决农户能力不足的问题。一方面，如果农药使用决策依赖是一种农业分工的大趋势，那么提升我国众多农户病虫害防治个人能力不仅要耗费大量的政府资源，而且农户也将付出更大的时间机会成本，出现"不想参加"和"不愿参加"技术培训的现象。[①] 另一方面，我国病虫害防治社会化服务体系发展并不健全，虽然国家和地方政府普遍在推广无人机施药，但相应的技术在南方地区（特别是非平原地区）的发展举步维艰，类似于"无人机没法转弯""无人机不给我们小面积的地提供服务"等访谈内容频繁出现。可见，无论是提升农户的个人能力，还是发展社会化服务体系，目前都存在一定的现实阻碍。在此背景下，也可以尝试通过农资店、农技站、专业合作社等专业的技术推广服务组织来规范众多分散农户的施药行为，这既可以促进农业生产分工的深化，也可以提升技术推广的效率。

（3）要构建"点—线—面"式的生物农药技术推广网络。如果农户使用农药的时间、品种和剂量决策都能听从农资店或农技站等专业农技推广组织的建议，那么要改变农户的施药行为就只需调整外部专业技术指导主体提供的建议方案或内容即可。这样就可以形成政府制定政策导向，专业技术指导主体推广政策内容，农户再执行建议的技术方案，就可以快速有效地达成政策目标。即以中央/省政府决议要大力推广生物农药为出发"点"，通过专业农药技术指导主体，例如农技站和农资店形成推广生物农药的统一战"线"，继而在广大农户群体中联结成广泛使用生物农药的"面"。这无疑将大幅度提升生物农药推广政策的执行效率，助力化学农药使用量"负增长"

---

① 调研农业技术推广站的工作人员普遍反映"请"不动农户来参加培训，必须给他们发一些诸如肥料、农药、补贴等物资时，农户才愿意来参加培训。

目标的早日实现。当然,"点—线—面"式的生物农药技术推广网络构建的前提是农户能听取外部专业技术指导主体的建议,且农技站和农资店能形成推广生物农药的统一决策。因此,依然要合理地利用农药使用决策依赖特征,在条件相对成熟的区域,选择性地开展"点—线—面"式生物农药技术推广。

7.2.4 提高技术推广服务质量,制定差异化技术推广方案

(1)要提升政府组织农技推广部门的权威性和专业性。政府的农技部门是政府部门服务农民的核心基层组织,其代表的不仅是地方政府组织,更代表着整个政府的权威性。一方面,如果政府的农业技术推广服务站在病虫害发生之际,发出了错误的防控指令或施药建议,那将会给部分产生依赖的农户带来巨大的粮食减产风险。同理,在推广生物农药的过程中,农技推广部门也必须具备专业的生物农药知识和能力素养,在作出正确病虫害防控预警的同时,给出科学合理的生物农药防治方案和建议,以保证不误导农户的施药决策。另一方面,政府组织农技推广部门专业权威性的提升能进一步诱导农业生产分工,使得农户产生更稳定的农药使用决策依赖。农户如果更愿意信赖政府组织农技推广部门,就会听取他们的施药建议,继而更快速有效地改变不科学的施药习惯,促使生物农药的推广效率逐步提升,实现农药减量增效。因此,无论是出于社会效益,还是生物农药推广效率的考量,都非常有必要提升政府组织农技推广部门的权威性和专业性,使得政府农业技术推广部门发出的政策指令在广大农民群体中"有人听""愿意听"。

(2)要提升市场组织农技推广部门的权威性和专业性。市场组织的典型代表主体是农资店,他们是与农户接触最为密切的农业技术推广主体之一,是为农业生产者提供生产资料的核心主体。基于私人经济目标的考量,市场组织很可能仅出于市场利润的角度,向农民推介"能赚钱"的农药使用方案,或高于标准推介农药的使用,或同时为农户推介多种农药产品混用等。更有甚者,农药售卖店的生产经营者依然存在一些"无执照、无知识积累、无防控经验"的人员,他们有时无法准确识别出农作物的病虫害,也无法给出科学合理的防治方案。这种市场组织农技推广部门的非专业性,也在很大程度上导致了农户不规范的用药行为。市场组织农技推广部门就像

是农作物的"医生",既要准确地诊断出"病症",又要能开具科学合理的"药方"。因此,一方面要通过规范农药营业执照申请,对农资店经营管理者进行必要的知识考察;另一方面要实施农药产品的市场监督与管制,通过农户反馈式监督与举报机制,不断完善市场组织的规范性,树立其权威的专业形象,更好地服务农民和实现农业技术推广。

(3) 要制定个体差异化的生物农药技术推广方案。政策的推广与执行往往无法做到"一刀切",生物农药的推广也不例外。要制定差异化的生物农药推广策略,以适应和满足不同农户群体的真实技术需要,才能将生物农药的推广效率最大化。具体来看,这种推广策略的差异主要来源于两个方面。其一是决策依赖的差异,研究中发现年龄越大和水稻规模越小的农户更易产生农药使用的决策依赖,因此可以通过外部技术指导的方式,规范这类数量众多的小规模老年农户的农药使用行为,通过产品推介的形式诱导农户使用生物农药。其二是要根据农户的个体特征,有针对性地开展农业技术推广服务。一方面,决策依赖在农业技术推广对稻农生物农药使用行为影响中的调节作用显著存在,即针对存在决策依赖的个体农户,开展技术推广的效率将大幅增加。另一方面,要针对中小生产规模、受教育程度较低、年龄较小、兼业程度偏低、参与合作社的这部分人群开展农业技术的宣传、培训和补贴示范等技术推广活动。

(4) 要优化生物农药技术推广的手段与方法。首先,对于普通农业生产者而言,其农业技术推广主体主要包含了农资店、农技站、亲朋好友和新型经营主体等,不同农业技术推广主体的技术推广模式和效果差异性很大。从研究结论来看,这类主体中农资店和农技站对农户生产行为的影响最大。因此,在构建多元化的农业技术推广主体体系时,依然要有所侧重并善于利用农资店和农技站的技术推广优势。其次,农业技术推广的方式也有很多种,要因地制宜地开展不同的生物农药技术推广。所以要制定科学的农业技术推广策略组合,直接给予产品推介形式的技术推广模式能更加具象地让农户接收到生物农药的产品技术信息,而技术示范则能将生物农药的效果"事实化",便于农户更直观地理解、接受和吸收。最后,随着数字农业技术推广技术的不断成熟,基于微信、QQ、抖音和快手等互联网手段的农技推广视频和图片也逐步进入人们的视野,要善于利用这些软件平台传播农业技术的数字资源。

7.2.5 构建多主体决策协同机制，促进生物农药供需均衡

（1）构建政府组织、市政组织和稻农三主体的协同决策机制。研究结论指出，在生物农药的推广应用过程中，政府组织、市场组织和稻农三主体的行为决策间存在相互影响，总的影响趋势和效果则表现为三者间的相互促进作用，即在三主体都决定推广使用生物农药的情形下，系统各主体的效益能实现最大化，且个体决策的演化速度也将加快。可见，既要致力于实现市场组织与政府组织的生物农药技术推广协同，也要致力于实现生物农药技术推广与稻农生物农药使用的协同。对于政府组织和市场组织而言，政府组织推广生物农药能给予市场组织一定的政策优惠，而市场组织推广生物农药又有助于政府组织实现一定的政绩目标。因此，在合理的制度安排下能有效地实现双方主体的互惠互利。同理可知，政府组织推广生物农药能提升农户环境效益，而农户使用生物农药也有助于实现政府组织的政绩目标。同理，市场组织推广生物农药能从稻农处获利，稻农购买和使用生物农药也能获得更高的农产品质量安全效用。相反，若三主体间的决策不协调，存在政府组织推广生物农药"搭便车"行为，或市场组织不支持推广生物农药，或稻农不愿使用生物农药，都有可能导致生物农药的推广失败。

（2）明确促进政府组织推广生物农药的有效策略。为了实现生物农药推广使用的决策均衡演化，需要制定和调整相应的制度背景来促使各主体实现最有效率的决策演化路径。首先，要强化政府组织推广生物农药的决议和"初心"，因为政府组织推广生物农药决策的初始概率越大，市场组织和稻农作出推广生物农药决策和使用生物农药决策的时间越早。其次，可以通过增加财政经费支持、农药减量监管惩罚、农药减量的政绩考核力度3种方式来提升政府组织推广生物农药的积极性，其中，财政经费支持是政府组织开展生物农药宣传和推广活动的基础，农药减量监管惩罚和农药减量的政绩考核力度则是优化政府组织行为决策的手段。最后，也要培养政府组织的绿色发展执政理念，制定清晰明确的农药减量阶段性目标规划，在此基础上提供专项经费、人才和设备的支撑，降低农药减量的风险与成本，通过监管考核制度对其进行优化。以上途径都能有效助力政府农技推广组织开展生物农药推广决策行动，提升政府组织的生物农药推广积极性。

（3）明确促进市场组织推广生物农药的有效策略。市场组织是典型的市场盈利型农技推广主体，确保或不损害市场组织的利润是推广生物农药的基本前提。从研究结论来看，市场组织推广生物农药的初始概率增加虽然易诱发政府组织的"搭便车"行为，但能有效促进稻农生物农药使用决策演化速度，且反过来稻农使用生物农药决策的初始概率增加，也能在一定程度上倒逼市场组织推广生物农药。因此，在政府组织执行生物农药推广政策、农户也愿意使用生物农药的情况下，市场组织自然会增加生物农药产品的市场供给。从农资店的访谈结果来看，掌握生物农药的市场产品信息和专业知识技能是确保市场组织科学合理推广生物农药的基础，同时要进一步完善生物农药的产品研发与设计，降低生物农药使用的技术风险，提升生物农药产品的市场供给能力。此外，在生物农药产品高成本投入的推广前中期，通过生物农药推广的政策补贴来增加市场组织的市场获利空间，也是有效促进市场组织推广生物农药的关键。

（4）明确促进稻农使用生物农药的有效策略。要准确把握生物农药与化学农药的产品差异，厘清生物农药使用的特色与优势，进而开展针对性的生物农药技术推广活动以促进稻农的生物农药使用。从稻农生物农药使用决策的演化路径结果来看，提升稻农对农产品质量安全和生态环境保护的认知水平，能有效促进稻农使用生物农药。从稻农效用最大化的角度来看，提升农产品质量安全认知水平能有效增加稻农的食品安全效用，提升生态环境保护认知水平则能增加稻农的环境效用。一方面，食品安全是农户当下最关心的生产目标之一，特别是对于小规模种植的口粮型农户而言更是如此，农户生产的粮食会留一部分当口粮或饲料粮，这类农户会非常愿意使用低毒低残留的生物农药。另一方面，化学农药的常年使用不仅损害人体健康，还破坏了生态环境，加剧了水源、土壤和空气污染。调研过程中发现，农药毒素在环境中的积累普遍引起农户的担忧和关注，生物农药却能迎合农户的环境保护需求。因此，积极主动地向农户宣传生物农药对保障农产品质量安全和保护生态环境方面的积极作用，让农户能科学合理地区分生物农药与化学农药产品的差异，进而肯定生物农药的产品特色与优势。当然，从经济目标的视角来看，增加对稻农生物农药使用的补贴，也可以降低技术采纳成本，进而促进生物农药技术采纳。

参考文献

[1] 白和盛，徐健.无公害优质稻米生产病虫害防治技术的推广应用［J］.江苏农业科学，2011，39（2）：132-133.

[2] 白小宁，李友顺，王宁，等.2017年我国登记的新农药［J］.农药，2018，58（3）：165-169.

[3] 包晓斌.种植业面源污染防治对策研究［J］.重庆社会科学，2019（10）：2，6-16.

[4] 蔡键.风险偏好、外部信息失效与农药暴露行为［J］.中国人口·资源与环境，2014，24（9）：135-140.

[5] 蔡荣，汪紫钰，钱龙，等.加入合作社促进了家庭农场选择环境友好型生产方式吗？——以化肥、农药减量施用为例［J］.中国农村观察，2019（1）：51-65.

[6] 操敏敏，齐振宏，刘可，等.农户兼业对其施用生物农药的影响——基于农业社会化服务的调节作用［J］.中国农业大学学报，2020，25（1）：191-205.

[7] 曹冉，张宗利.经营规模、时间偏好与农户生物农药技术采用——基于跨期农业技术视角［J］.干旱区资源与环境，2024，38（8）：71-75.

[8] 畅华仪，张俊飚，何可.技术感知对农户生物农药采用行为的影响研究［J］.长江流域资源与环境，2019，28（1）：202-211.

[9] 陈欢，周宏，孙顶强.信息传递对农户施药行为及水稻产量的影响——江西省水稻种植户的实证分析［J］.农业技术经济，2017（12）：23-31.

[10] 陈辉，赵晓峰，张正新.农业技术推广的"嵌入性"发展模式［J］.西北农林科技大学学报（社会科学版），2016，16（1）：76-80，88.

[11] 陈强.高级计量经济学及Stata应用（第二版）［M］.北京：高等教育出版社，2014.

[12] 陈强远，林思彤，张醒.中国技术创新激励政策：激励了数量还是质量［J］.中国工业经济，2020（4）：79-96.

[13] 陈锡文, 陈昱阳, 张建军. 中国农村人口老龄化对农业产出影响的量化研究 [J]. 中国人口科学, 2011 (2): 39-46, 111.

[14] 陈学新, 杜永均, 黄健华, 等. 我国作物病虫害生物防治研究与应用最新进展 [J]. 植物保护, 2023, 49 (5): 340-370.

[15] 陈奕山. 农时视角下乡村劳动力的劳动时间配置: 农业生产和非农就业的关系分析 [J]. 中国人口科学, 2019 (2): 75-86, 127-128.

[16] 陈治国, 李红, 刘向晖, 等. 农户采用农业先进技术对收入的影响研究——基于倾向得分匹配法的实证分析 [J]. 产经评论, 2015, 6 (3): 140-150.

[17] 丁玉梅, 李鹏, 张俊飚, 等. 农业废弃物循环利用: 技术推广与农户采纳的协同创新及深度衔接机制 [J]. 中国科技论坛, 2014 (6): 154-160.

[18] 杜三峡, 罗小锋, 黄炎忠, 等. 风险感知、农业社会化服务与稻农生物农药技术采纳行为 [J]. 长江流域资源与环境, 2021, 30 (7): 1768-1779.

[19] 范春全, 何彬彬. 基于迁移学习的水稻病虫害识别 [J]. 中国农业信息, 2020, 32 (2): 40-48.

[20] 范建亭. 开放背景下如何理解并测度对外技术依存度 [J]. 中国科技论坛, 2015 (1): 45-50.

[21] 范凯文, 赵晓峰. 农民合作社重塑基层农技推广体系的实践形态、多重机制及其影响 [J]. 中国科技论坛, 2019 (6): 179-188.

[22] 方晓波. 我国农药行业技术创新的问题与对策分析 [J]. 工业技术经济, 2011, 30 (6): 74-77.

[23] 冯小. 公益悬浮与商业下沉: 基层农技服务供给结构的变迁 [J]. 西北农林科技大学学报 (社会科学版), 2017 (3): 56-63.

[24] 傅国海, 吴远帆, 曹如亮, 等. 湖南杂交晚稻化肥农药减施增效综合技术应用及效果 [J]. 杂交水稻, 2021, 36 (2): 75-78.

[25] 傅新红, 宋汶庭. 农户生物农药购买意愿及购买行为的影响因素分析——以四川省为例 [J]. 农业技术经济, 2010 (6): 120-128.

[26] 高杜娟, 唐善军, 陈友德, 等. 水稻主要病害生物防治的研究进展 [J]. 中国农学通报, 2019, 35 (26): 140-147.

[27] 高雷. 农户采纳行为影响内外部因素分析——基于新疆石河子地区膜下滴灌节水技术采纳研究 [J]. 农村经济, 2010 (5): 84-88.

[28] 高杨, 牛子恒. 风险厌恶、信息获取能力与农户绿色防控技术采纳行为分析 [J]. 中国农村经济, 2019 (8): 109-127.

[29] 高杨, 赵端阳, 于丽丽. 家庭农场绿色防控技术政策偏好与补偿意愿 [J].

资源科学, 2019, 41 (10): 1837 – 1848.

[30] 耿宇宁, 郑少锋, 刘婧. 农户绿色防控技术采纳的经济效应与环境效应评价——基于陕西省猕猴桃主产区的调查 [J]. 科技管理研究, 2018, 38 (2): 245 – 251.

[31] 耿宇宁, 郑少锋, 陆迁. 经济激励、社会网络对农户绿色防控技术采纳行为的影响——来自陕西猕猴桃主产区的证据 [J]. 华中农业大学学报 (社会科学版), 2017 (6): 59 – 69, 150.

[32] 耿宇宁, 郑少锋, 王建华. 政府推广与供应链组织对农户生物防治技术采纳行为的影响 [J]. 西北农林科技大学学报 (社会科学版), 2017, 17 (1): 116 – 122.

[33] 龚继红, 黄梦思, 马玉申, 等. 农民背景特征、生态环境保护意识与农药施用行为的关系 [J]. 生态与农村环境学报, 2016, 32 (4): 546 – 551.

[34] 关桓达, 吕建兴, 邹俊. 安全技术培训、用药行为习惯与农户安全意识——基于湖北 8 个县市 1740 份调查问卷的实证研究 [J]. 农业技术经济, 2012 (8): 81 – 86.

[35] 郭晨. 高危农药: 健康和环境的杀手 [J]. 生态经济, 2016, 32 (7): 6 – 9.

[36] 郭利京, 王少飞. 基于调节聚焦理论的生物农药推广有效性研究 [J]. 中国人口·资源与环境, 2016, 26 (4): 126 – 134.

[37] 郭利京, 王颖. 农户生物农药施用为何"说一套, 做一套"? [J]. 华中农业大学学报 (社会科学版), 2018 (4): 71 – 80, 169.

[38] 郭利京, 赵瑾. 认知冲突视角下农户生物农药施用意愿研究——基于江苏 639 户稻农的实证 [J]. 南京农业大学学报 (社会科学版), 2017, 17 (2): 123 – 133, 154.

[39] 郭明程, 王晓军, 苍涛, 等. 我国生物源农药发展现状及对策建议 [J]. 中国生物防治学报, 2019, 35 (5): 755 – 758.

[40] 郭清卉, 李世平, 南灵. 社会学习、社会网络与农药减量化——来自农户微观数据的实证 [J]. 干旱区资源与环境, 2020, 34 (9): 39 – 45.

[41] 郭荣. 我国生物农药的推广应用现状及发展策略 [J]. 中国生物防治学报, 2011, 27 (1): 124 – 127.

[42] 韩长赋. 大力推进质量兴农绿色兴农加快实现农业高质量发展 [J]. 甘肃农业, 2018 (5): 6 – 10.

[43] 郝家芹, 赵道致. 分享经济环境下制造业产能分享的三群体演化博弈分析

[J]. 运筹与管理, 2021, 30 (2): 1-7.

[44] 何大安. 行为经济人有限理性的实现程度 [J]. 中国社会科学, 2004, (4): 91-101.

[45] 何亚芬. 农户异质性视角下丘陵山区耕地利用生态转型行为机理研究 [D]. 南昌: 江西财经大学, 2018.

[46] 贺雄, 丁朝辉, 胡立冬, 等. 生物与化学农药对早稻主要病害绿色防控技术初探 [J]. 农药, 2020, 59 (1): 68-73.

[47] 贺雪峰. "以钱养事"为何不宜推广 [J]. 决策, 2008 (6): 54-55.

[48] 胡海, 庄天慧. 绿色防控技术采纳对农户福利的影响效应研究——基于四川省茶叶主产区茶农的调查数据 [J]. 农村经济, 2020 (6): 106-113.

[49] 胡瑞, 孙艺夺. 农业技术推广体系的困境摆脱与策应 [J]. 改革, 2018 (2): 89-99.

[50] 胡瑞法, 王润, 孙艺夺, 等. 农业社会化技术服务与农户技术信息来源——基于7省2293个农户的调查 [J]. 科技管理研究, 2019, 39 (22): 99-105.

[51] 胡雪枝, 钟甫宁. 人口老龄化对种植业生产的影响——基于小麦和棉花作物分析 [J]. 农业经济问题, 2013, 34 (2): 36-43, 110.

[52] 华春林, 陆迁, 姜雅莉, 等. 农业教育培训项目对减少农业面源污染的影响效果研究——基于倾向评分匹配方法 [J]. 农业技术经济, 2013 (4): 83-92.

[53] 黄冲, 刘万才. 我国农作物病虫测报信息化发展进程、现状与推进思路 [J]. 中国植保导刊, 2018, 38 (2): 21-25, 31.

[54] 黄季焜, 胡瑞法, 智华勇. 基层农业技术推广体系30年发展与改革: 政策评估和建议 [J]. 农业技术经济, 2009 (1): 4-11.

[55] 黄季焜, 齐亮, 陈瑞剑, 等. 技术信息知识、风险偏好与农民施用农药 [J]. 管理世界, 2008 (5): 71-76.

[56] 黄武. 农技推广视角下的农户技术需求透视——基于江苏省种植业农户的实证分析 [J]. 南京农业大学学报 (社会科学版), 2009, 9 (2): 15-20.

[57] 黄炎忠, 罗小锋, 唐林, 等. 绿色防控技术的节本增收效应——基于长江流域水稻种植户的调查 [J]. 中国人口·资源与环境, 2020, 30 (10): 174-184.

[58] 黄炎忠, 罗小锋, 唐林, 等. 市场信任对农户生物农药施用行为的影响——基于制度环境的调节效应分析 [J]. 长江流域资源与环境, 2020, 29 (11): 2488-2497.

[59] 黄炎忠, 罗小锋, 余威震. 小农户绿色农产品自给生产行为研究 [J]. 农村经济, 2020 (5): 66-74.

[60] 黄炎忠,罗小锋.既吃又卖:稻农的生物农药施用行为差异分析[J].中国农村经济,2018(7):63-78.

[61] 黄祖辉,钟颖琦,王晓莉.不同政策对农户农药施用行为的影响[J].中国人口·资源与环境,2016,26(8):148-155.

[62] 季凯文,孔凡斌.中国生物农业上市公司技术效率测度及提升路径——基于三阶段DEA模型的分析[J].中国农村经济,2014(8):42-57,75.

[63] 姜翰,金占明.企业间关系强度对关系价值机制影响的实证研究——基于企业间相互依赖性视角[J].管理世界,2008(12):114-125,188.

[64] 姜健,周静,孙若愚.菜农过量施用农药行为分析——以辽宁省蔬菜种植户为例[J].农业技术经济,2017(11):16-25.

[65] 姜利娜,赵霞.农户绿色农药购买意愿与行为的悖离研究——基于5省863个分散农户的调研数据[J].中国农业大学学报,2017,22(5):163-173.

[66] 姜维军,颜廷武,张俊飚.不同偏好农户秸秆处置决策选择及政策启示——基于演化博弈的视角[J].中国农业资源与区划,2020,41(12):1-13.

[67] 姜长云.农户分化对粮食生产和种植行为选择的影响及政策思考[J].理论探讨,2015(1):69-74.

[68] 蒋琳莉,张露,张俊飚,等.稻农低碳生产行为的影响机理研究——基于湖北省102户稻农的深度访谈[J].中国农村观察,2018(4):86-101.

[69] 蒋琳莉,黄好钦,何可.技术培训、经济补贴与农户生物农药施用技术扩散行为[J].中国农村观察,2024(4):163-184.

[70] 金书秦,方菁.农药的环境影响和健康危害:科学证据和减量控害建议[J].环境保护,2016,44(24):34-38.

[71] 孔霞.农业农药生产率及农药施用行为的影响因素分析[D].苏州:苏州大学,2013.

[72] 孔祥智,楼栋.农业技术推广的国际比较、时态举证与中国对策[J].改革,2012(1):12-23.

[73] 李博,左停,王琳瑛.农业技术推广的实践逻辑与功能定位:以陕西关中地区农业技术推广为例[J].中国科技论坛,2016(1):150-153,160.

[74] 李昊,李世平,南灵.农户农业环境保护为何高意愿低行为?——公平性感知视角新解[J].华中农业大学学报(社会科学版),2018(2):18-27,155.

[75] 李昊,李世平,南灵.农药施用技术培训减少农药过量施用了吗?[J].中国农村经济,2017(10):80-96.

[76] 李后建,曹安迪.绿色防控技术对稻农经济收益的影响及其作用机制[J].

中国人口·资源与环境，2021，31（2）：80-89.

[77] 李凌汉. 农村合作社驱动农业技术跨区域扩散：逻辑机理、影响因素与实践探讨［J］. 湖湘论坛，2021，34（1）：93-106.

[78] 李庆，韩菡，李翠霞. 老龄化、地形差异与农户种植决策［J］. 经济评论，2019（6）：97-108.

[79] 李容容，罗小锋，熊红利，等. 供需失衡下农户技术需求表达研究［J］. 西北农林科技大学学报（社会科学版），2017，17（2）：134-141.

[80] 李诗瑶，蔡银莺. 农户家庭农地依赖度测算及多维生存状态评价——以湖北省武汉市和孝感市为例［J］. 中国土地科学，2018，32（11）：39-45.

[81] 李世杰，朱雪兰，洪潇伟，等. 农户认知、农药补贴与农户安全农产品生产用药意愿——基于对海南省冬季瓜菜种植农户的问卷调查［J］. 中国农村观察，2013（5）：55-69.

[82] 李文静，张朝枝. 基于路径依赖视角的旅游资源诅咒演化模型［J］. 资源科学，2019，41（9）：1724-1733.

[83] 李友顺，白小宁，袁善奎，等. 2019年及近年我国农药登记情况和特点分析［J］. 农药科学与管理，2020，297（3）：22-32.

[84] 李友顺，白小宁，李富根，等. 2023年及近年我国农药登记情况和特点分析［J］. 农药科学与管理，2024，45（2）：10-19，28.

[85] 李紫娟，孙剑，陈桃. 农户绿色防控技术采纳行为影响因素——基于湖北省265户柑橘种植户调查数据的分析［J］. 科技管理研究，2018，38（21）：249-254.

[86] 刘迪，孙剑，黄梦思，等. 市场与政府对农户绿色防控技术采纳的协同作用分析［J］. 长江流域资源与环境，2019，28（5）：1154-1163.

[87] 刘妙品，南灵，李晓庆，等. 环境素养对农户农田生态保护行为的影响研究——基于陕、晋、甘、皖、苏五省1023份农户调查数据［J］. 干旱区资源与环境，2019，33（2）：53-59.

[88] 刘熙东，刘锋，刘长威. 基于专利信息分析的生物农药产业预警报告［J］. 情报杂志，2016，35（11）：86-92.

[89] 刘晓漫，曹坳程，王秋霞，等. 我国生物农药的登记及推广应用现状［J］. 植物保护，2018，44（5）：101-107.

[90] 刘洋，熊学萍，刘海清，等. 农户绿色防控技术采纳意愿及其影响因素研究——基于湖南省长沙市348个农户的调查数据［J］. 中国农业大学学报，2015，20（4）：263-271.

[91] 刘莹, 黄季焜. 农户多目标种植决策模型与目标权重的估计 [J]. 经济研究, 2010, 45 (1): 148-157.

[92] 娄博杰, 宋敏, 韩洁, 等. 农户农药使用行为特征及规范化建议——基于东部6省调研数据 [J]. 中国农学通报, 2014, 30 (23): 124-128.

[93] 卢谢峰, 韩立敏. 中介变量、调节变量与协变量——概念、统计检验及其比较 [J]. 心理科学, 2007 (4): 934-936.

[94] 鲁柏祥, 蒋文华, 史清华. 浙江农户农药施用效率的调查与分析 [J]. 中国农村观察, 2000 (5): 62-69.

[95] 陆凡. 江苏省生物农药生产现状、存在问题及发展建议 [J]. 江苏农业学报, 2016, 32 (1): 58-66.

[96] 罗必良, 张露. 中国农地确权: 一个可能被过高预期的政策 [J]. 中国经济问题, 2020 (5): 17-31.

[97] 罗岚, 李桦, 许贝贝. 绿色认知、现实情景与农户生物农药施用行为——对意愿与行为悖离的现象解释 [J]. 农业现代化研究, 2020, 41 (4): 649-658.

[98] 罗小锋, 杜三峡, 黄炎忠, 等. 种植规模、市场规制与稻农生物农药施用行为 [J]. 农业技术经济, 2020 (6): 71-80.

[99] 罗小锋, 向潇潇, 李容容. 种植大户最迫切需求的农业社会化服务是什么 [J]. 农业技术经济, 2016 (5): 4-12.

[100] 罗小娟, 冯淑怡, 黄信灶. 信息传播主体对农户施肥行为的影响研究——基于长江中下游平原690户种粮大户的空间计量分析 [J]. 中国人口·资源与环境, 2019, 29 (4): 107-118.

[101] 麻丽平, 霍学喜. 农户农药认知与农药施用行为调查研究 [J]. 西北农林科技大学学报 (社会科学版), 2015 (5): 65-71.

[102] 马君潞, 吕剑. 人民币汇率制度与金融危机发生概率——基于Probit和Logit模型的实证分析 [J]. 国际金融研究, 2007 (9): 53-59.

[103] 毛飞, 孔祥智. 农户安全农药选配行为影响因素分析——基于陕西5个苹果主产县的调查 [J]. 农业技术经济, 2011 (5): 4-12.

[104] 茆志英, 安玉发, 王寒笑. 农户食用农产品质量安全关注程度的影响因素分析——基于农户调查样本数据 [J]. 兰州学刊, 2014 (9): 170-175.

[105] 米建伟, 黄季焜, 陈瑞剑, 等. 风险规避与中国棉农的农药施用行为 [J]. 中国农村经济, 2012 (7): 60-71.

[106] 牛桂芹. 论转型期的农村科技传播模式——以"农资店"的科技传播功能为例 [J]. 自然辩证法研究, 2014, 30 (8): 86-92.

[107] 浦徐进,范旺达,路璐.公平偏好、强互惠倾向和农民合作社生产规范的演化分析[J].中国农业大学学报(社会科学版),2014,31(1):51-62.

[108] 浦徐进,吴林海,曹文彬.农户施用生物农药行为的引导——一个学习进化的视角[J].土壤与作物,2011,27(2):168-173.

[109] 齐振宏,刘玉孝,何坪华.农户生计分化、结构嵌入与生态耕种采纳度——基于鄂、皖、湘968个农户的调查分析[J].农林经济管理学报,2020,19(6):671-680.

[110] 秦诗乐,吕新业.农户绿色防控技术采纳行为及效应评价研究[J].中国农业大学学报(社会科学版),2020,37(4):50-60.

[111] 秦诗乐.设施蔬菜种植户施药行为的影响因素研究[D].北京:中国农业科学院,2017.

[112] 邱德文.生物农药的发展现状与趋势分析[J].中国生物防治学报,2015,31(5):679-684.

[113] 邱德文.生物农药研究进展与未来展望[J].植物保护,2013,39(5):81-89.

[114] 任重,薛兴利.粮农无公害农药使用意愿及其影响因素分析——基于609户种粮户的实证研究[J].干旱区资源与环境,2016,30(7):31-36.

[115] 沙月霞.生物农药在稻瘟病防治中的应用及前景分析[J].植物保护,2017,43(5):27-34.

[116] 沈昱雯,罗小锋,余威震.激励与约束如何影响农户生物农药施用行为——兼论约束措施的调节作用[J].长江流域资源与环境,2020,29(4):1040-1050.

[117] 舒斯亮,柳键.政府补贴模式对生物农产品供应链决策的影响[J].华东经济管理,2017,31(12):134-139.

[118] 宋宝安.粮食生产不用化肥农药行不行?专家:不行![N].农民日报,2021-01-12.

[119] 宋宝安.绿色防控助力生态农业高质量发展[J].中国科学基金,2020,34(4):373.

[120] 宋聪聪,罗小锋,孙彬涵,等.口粮与利润导向如何影响稻农生物农药施用行为:兼论环境意识的调节作用[J].中国生态农业学报(中英文),2024,32(11):1954-1967.

[121] 宋洪远.中国农村改革三十年[M].北京:中国农业出版社,2008.

[122] 宋金枝.从众效应对农户农药施用行为影响的实证分析[J].陕西农业

科学, 2014, 60 (8): 80-84.

[123] 宋燕平, 李冬. 影响农技人员推广绿色技术的因素分析——基于安徽农技人员推广绿色技术的经验分析 [J]. 安徽农业大学学报（社会科学版）, 2019, 28 (2): 70-74.

[124] 孙生阳, 孙艺夺, 胡瑞法, 等. 中国农技推广体系的现状、问题及政策研究 [J]. 中国软科学, 2018 (6): 25-34.

[125] 孙小燕, 刘雍. 土地托管能否带动农户绿色生产？ [J]. 中国农村经济, 2019 (10): 60-80.

[126] 陶建平, 徐晔. 论我国生物农药发展策略 [J]. 生态经济, 2004 (S1): 229-231.

[127] 陶应时, 蒋美仕, 袁模芳. 现代生物技术耦合生态价值研究 [J]. 自然辩证法研究, 2016, 32 (8): 113-118.

[128] 佟大建, 黄武, 应瑞瑶. 基层公共农技推广对农户技术采纳的影响——以水稻科技示范为例 [J]. 中国农村观察, 2018 (4): 59-73.

[129] 佟大建, 黄武. 社会经济地位差异、推广服务获取与农业技术扩散 [J]. 中国农村经济, 2018 (11): 128-143.

[130] 童锐, 何丽娟, 王永强. 补贴政策、效果认知与农户绿色防控技术采用行为——基于陕西省苹果主产区的调查 [J]. 科技管理研究, 2020, 40 (19): 124-129.

[131] 汪明月, 李颖明. 多主体参与的绿色技术创新系统均衡及稳定性 [J]. 中国管理科学, 2021, 29 (3): 59-70.

[132] 王常伟, 顾海英. 市场 VS 政府, 什么力量影响了我国菜农农药用量的选择？ [J]. 管理世界, 2013 (11): 50-66, 187-188.

[133] 王桂荣, 王源超, 杨光富, 等. 农业病虫害绿色防控基础的前沿科学问题 [J]. 中国科学基金, 2020, 34 (4): 374-380.

[134] 王建华, 马玉婷, 王晓莉. 农产品安全生产：农户农药施用知识与技能培训 [J]. 中国人口·资源与环境, 2014, 24 (4): 54-63.

[135] 王建华, 刘苗, 李俏. 农产品安全风险治理中政府行为选择及其路径优化——以农产品生产过程中的农药施用为例 [J]. 中国农村经济, 2015 (11): 54-62, 76.

[136] 王建华, 周瑾, 任敏慧. 农业生产者绿色生产要素投入行为的收入效应 [J]. 西北农林科技大学学报（社会科学版）, 2024, 24 (1): 110-123.

[137] 王建鑫, 罗小锋, 唐林, 等. 线上与线下：农技推广方式对农户生物农

药施用行为的影响［J］．中国农业资源与区划，2023，44（2）：43-53．

［138］王娜娜，王志刚，罗良国．技术偏好异质性、农户参与式方案创设与政策绿色转型［J］．中国农村经济，2023（3）：136-156．

［139］王晓杰，甘鹏飞，汤春蕾，等．植物抗病性与病害绿色防控：主要科学问题及未来研究方向［J］．中国科学基金，2020，34（4）：381-392．

［140］王绪龙，周静．信息能力、认知与菜农使用农药行为转变——基于山东省菜农数据的实证检验［J］．农业技术经济，2016（5）：22-31．

［141］王洋，许佳彬．农户禀赋对农业技术服务需求的影响［J］．改革，2019，303（5）：114-125．

［142］王以燕，袁善奎，苏天运，等．我国生物源农药的登记和发展现状［J］．农药，2019，58（1）：1-5，10．

［143］王云，张光强，霍学喜．合作社提高了种植户的增收能力吗？——来自陕西省600户苹果种植户的经验证据［J］．西北农林科技大学学报（社会科学版），2017，17（3）：95-103．

［144］王志刚，姚一源，许栩．农户对生物农药的支付意愿：对山东省莱阳、莱州和安丘三市的问卷调查［J］．中国人口·资源与环境，2012，22（S1）：54-57．

［145］魏珣，张娟，江易林，等．生物农业前沿技术研究进展［J］．中国生物工程杂志，2024，44（1）：41-51．

［146］温忠麟，侯杰泰，张雷．调节效应与中介效应的比较和应用［J］．心理学报，2005（2）：268-274．

［147］文长存，吴敬学．农户"两型农业"技术采用行为的影响因素分析——基于辽宁省玉米水稻种植户的调查数据［J］．中国农业大学学报，2016，21（9）：179-187．

［148］伍骏骞，阎宇，蒋玉．时间偏好对农户采纳生物农药意愿的影响——基于农业技术推广方式的调节作用［J］．资源科学，2023，45（6）：1268-1283．

［149］吴林海，侯博，高申荣．基于结构方程模型的分散农户农药残留认知与主要影响因素分析［J］．中国农村经济，2011（3）：35-48．

［150］吴雪莲．农户绿色农业技术采纳行为及政策激励研究［D］．武汉：华中农业大学，2016．

［151］夏雯雯，杜志雄，郜亮亮．家庭农场经营者应用绿色生产技术的影响因素研究——基于三省452个家庭农场的调研数据［J］．经济纵横，2019（6）：101-108．

［152］萧玉涛，吴超，吴孔明．中国农业害虫防治科技70年的成就与展望［J］．

应用昆虫学报，2019，56（6）：1115-1124.

[153] 肖忠东，曹全垚，郎庆喜，等. 环境规制下的地方政府与工业共生链上下游企业间三方演化博弈和实证分析［J］. 系统工程，2020，307（1）：5-17.

[154] 谢邵文，杨芬，冯含笑，等. 中国化肥农药施用总体特征及减施效果分析［J］. 环境污染与防治，2019，41（4）：490-495.

[155] 熊鹰，何鹏. 绿色防控技术采纳行为的影响因素和生产绩效研究——基于四川省水稻种植户调查数据的实证分析［J］. 中国生态农业学报（中英文），2020，28（1）：136-146.

[156] 徐春春，纪龙，陈中督，等. 中国水稻生产发展的绿色趋势［J］. 生命科学，2018，30（10）：1146-1154.

[157] 徐红星，杨亚军，郑许松，等. 二十一世纪以来我国水稻害虫治理成就与展望［J］. 应用昆虫学报，2019，56（6）：1163-1177.

[158] 徐红星，郑许松，田俊策，等. 我国水稻害虫绿色防控技术的研究进展与应用现状［J］. 植物保护学报，2017，44（6）：925-939.

[159] 徐晓鹏. 农户农药施用行为变迁的社会学考察——基于我国6省6村的实证研究［J］. 中国农业大学学报（社会科学版），2017，34（1）：38-45.

[160] 徐志刚，吴蓓蓓，周宁. 家庭分离、父母分工与农村留守儿童营养［J］. 东岳论丛，2019，40（9）：42-53.

[161] 许佳贤，郑逸芳，林沙. 农户农业新技术采纳行为的影响机理分析——基于公众情境理论［J］. 干旱区资源与环境，2018，32（2）：52-58.

[162] 闫阿倩，罗小锋，黄炎忠，等. 基于老龄化背景下的绿色生产技术推广研究——以生物农药与测土配方肥为例［J］. 中国农业资源与区划，2021，42（3）：110-118.

[163] 杨程方，郑少锋，杨宁. 信息素养、绿色防控技术采用行为对农户收入的影响［J］. 中国生态农业学报（中英文），2020，28（11）：1823-1834.

[164] 杨国忠，许超，刘聪敏，等. 有限理性条件下技术创新扩散的演化博弈分析［J］. 工业技术经济，2012（4）：113-118.

[165] 杨峻，林荣华，袁善奎，等. 我国生物源农药产业现状调研及分析［J］. 中国生物防治学报，2014，30（4）：441-445.

[166] 杨柳，邱力生. 农村居民对食品安全风险的认知及影响因素分析——河南的案例研究［J］. 经济经纬，2014，31（6）：41-45.

[167] 杨普云，任彬元. 促进农作物病虫害绿色防控技术推广应用——2011至2017年全国农作物重大病虫害防控技术方案要点评述［J］. 植物保护，2018，44

(1): 6-8.

[168] 杨普云, 王凯, 厉建萌, 等. 以农药减量控害助力农业绿色发展 [J]. 植物保护, 2018, 44 (5): 95-100.

[169] 杨唯一. 农户技术创新采纳决策行为研究 [D]. 哈尔滨: 哈尔滨工业大学, 2015.

[170] 杨小山, 林奇英. 经济激励下农户使用无公害农药和绿色农药意愿的影响因素分析——基于对福建省农户的问卷调查 [J]. 江西农业大学学报 (社会科学版), 2011 (1): 55-59.

[171] 杨玉苹, 朱立志, 孙炜琳. 农户参与农业生态转型: 预期效益还是政策激励? [J]. 中国人口·资源与环境, 2019, 29 (8): 140-147.

[172] 杨钰蓉, 何玉成, 闫桂权. 不同激励方式对农户绿色生产行为的影响——以生物农药施用为例 [J]. 世界农业, 2021 (4): 53-64.

[173] 杨志海. 老龄化、社会网络与农户绿色生产技术采纳行为——来自长江流域六省农户数据的验证 [J]. 中国农村观察, 2018 (4): 44-58.

[174] 杨志海. 生产环节外包改善了农户福利吗?——来自长江流域水稻种植农户的证据 [J]. 中国农村经济, 2019 (4): 73-91.

[175] 姚文. 家庭资源禀赋、创业能力与环境友好型技术采用意愿——基于家庭农场视角 [J]. 经济经纬, 2016, 33 (1): 36-41.

[176] 应瑞瑶, 徐斌. 农户采纳农业社会化服务的示范效应分析——以病虫害统防统治为例 [J]. 中国农村经济, 2014 (8): 30-41.

[177] 应瑞瑶, 朱勇. 农业技术培训方式对农户农业化学投入品使用行为的影响——源自实验经济学的证据 [J]. 中国农村观察, 2015 (1): 50-58, 83, 95.

[178] 于法稳. 新时代农业绿色发展动因、核心及对策研究 [J]. 中国农村经济, 2018 (5): 19-34.

[179] 余威震, 罗小锋, 李容容, 等. 绿色认知视角下农户绿色技术采纳意愿与行为悖离研究 [J]. 资源科学, 2017, 39 (8): 1573-1583.

[180] 余威震, 罗小锋, 唐林, 等. 土地细碎化视角下种粮目的对稻农生物农药施用行为的影响 [J]. 资源科学, 2019, 41 (12): 2193-2204.

[181] 袁治理, 叶文武, 侯毅平, 等. 我国绿色农药研究现状及发展建议 [J]. 中国科学: 生命科学, 2023, 53 (11): 1643-1662.

[182] 俞欢慧, 张慧, 王亮, 等. 海南农民稻田生物多样性保护认知评价及农药使用情况分析 [J]. 广东农业科学, 2014, 41 (11): 95-99, 108.

[183] 喻永红, 张巨勇. 农户采用水稻IPM技术的意愿及其影响因素——基于湖北

省的调查数据 [J]. 中国农村经济, 2009 (11): 77-86.

[184] 袁善奎, 王以燕, 农向群, 等. 我国生物农药发展的新契机 [J]. 农药, 2015, 54 (8): 547-550.

[185] 展进涛, 张慧仪, 陈超. 果农施用农药的效率测度与减少错配的驱动力量——基于中国桃主产县 524 个种植户的实证分析 [J]. 南京农业大学学报 (社会科学版), 2020, 20 (6): 148-156.

[186] 张标, 张领先, 王洁琼. 我国农业技术推广扩散作用机理及改进策略 [J]. 科技管理研究, 2017, 37 (22): 42-51.

[187] 张国, 逯非, 黄志刚, 等. 我国主粮作物的化学农药用量及其温室气体排放估算 [J]. 应用生态学报, 2016, 27 (9): 2875-2883.

[188] 张军伟, 张锦华, 吴方卫. 中国粮食生产中农药高强度施用行为之经济学分析 [J]. 财经理论与实践, 2018, 213 (3): 140-146.

[189] 张凯, 陈彦宾, 张昭, 等. "十三五"化学农药减施增效综合技术研发成效与标志性成果 [J]. 植物保护, 2021, 47 (1): 1-7, 14.

[190] 张蕾, 陈超, 展进涛. 农户农业技术信息的获取渠道与需求状况分析——基于 13 个粮食主产省份 411 个县的抽样调查 [J]. 农业经济问题, 2009, 31 (11): 78-84.

[191] 张礼生, 刘文德, 李方方, 等. 农作物有害生物防控: 成就与展望 [J]. 中国科学: 生命科学, 2019 (12): 1664-1678.

[192] 张利国, 吴芝花. 大湖地区种稻户专业化统防统治采纳意愿研究 [J]. 经济地理, 2019, 39 (3): 180-186.

[193] 张凌怡, 陈玉文. 三种测算方法下对外技术依存度的比较研究——以中国医药制造业为例 [J]. 科技管理研究, 2016, 36 (18): 188-191.

[194] 张领先, 张标, 范双喜, 等. 设施蔬菜信息技术采纳行为与推广扩散机制分析 [J]. 科技管理研究, 2015, 35 (12): 178-182.

[195] 张舒, 赵华, 吕亮, 等. 不同化肥农药减施组合对水稻主要病虫害发生及产量的影响 [J]. 华中农业大学学报, 2020, 39 (6): 1-7.

[196] 张兴, 马志卿, 冯俊涛, 等. 中国生物农药建国以来的发展历程与展望 [J]. 中国农药, 2019 (10): 16-28.

[197] 张云华, 马九杰, 孔祥智, 等. 农户采用无公害和绿色农药行为的影响因素分析——对山西、陕西和山东 15 县 (市) 的实证分析 [J]. 中国农村经济, 2004 (1): 41-49.

[198] 赵瑾, 郭利京. 新技术认知对农户亲环境行为的影响机理研究——以

菜农生物农药施用为例［J］．广东农业科学，2017，44（1）：183－192．

［199］赵佩佩，闫贝贝，刘天军．社会经济地位差异与农业绿色防控技术扩散倒 U 型关系：社会学习的中介效应［J］．干旱区资源与环境，2021，35（8）：18－25．

［200］赵秋倩，沈金龙，夏显力．农业劳动力老龄化、社会网络嵌入对农户农技推广服务获取的影响研究［J］．华中农业大学学报（社会科学版），2020（4）：79－88，177－178．

［201］赵秋倩，夏显力．社会规范何以影响农户农药减量化施用——基于道德责任感中介效应与社会经济地位差异的调节效应分析［J］．农业技术经济，2020（10）：61－73．

［202］赵晓颖，郑军，张明月．茶农生物农药属性偏好及支付意愿研究——基于选择实验的实证分析［J］．技术经济，2020，39（4）：103－111．

［203］赵玉姝．农户分化背景下农业技术推广机制优化研究［D］．青岛：中国海洋大学，2014．

［204］甄若宏，周建涛．基于农户视角的科技服务需求模式研究［J］．安徽农学通报，2019（12）：1－3．

［205］周力，冯建铭，曹光乔．绿色农业技术农户采纳行为研究——以湖南、江西和江苏的农户调查为例［J］．农村经济，2020（3）：93－101．

［206］周蒙．中国生物农药发展的现实挑战与对策分析［J］．中国生物防治学报，2021，37（1）：184－192．

［207］周曙东，吴沛良，赵西华，等．市场经济条件下多元化农技推广体系建设［J］．中国农村经济，2003（4）：57－62．

［208］朱淀，张秀玲，牛亮云．蔬菜种植农户施用生物农药意愿研究［J］．中国人口·资源与环境，2014，24（4）：64－70．

［209］朱磊．农资经销商的转型及其动因分析——基于豫县的实地调研［J］．西北农林科技大学学报（社会科学版），2018，18（2）：147－154．

［210］朱萌，齐振宏，邬兰娅，等．新型农业经营主体农业技术需求影响因素的实证分析——以江苏省南部395户种稻大户为例［J］．中国农村观察，2015（1）：30－38，93－94．

［211］左两军，牛刚，何鸿雁．种植业农户农药信息获取渠道分析及启示——基于广东蔬菜种植户的抽样调查［J］．调研世界，2013（8）：41－44．

［212］Abhilash P，Singh N．Pesticide use and application：An Indian scenario［J］．Journal of Hazardous Materials，2009，165（3）：1－12．

[213] Abtew A, Niassy S, Affognon H, et al. Farmers' knowledge and perception of grain legume pests and their management in the Eastern province of Kenya [J]. Crop Protection, 2016, 87: 90 – 97.

[214] Akter M, Fan L, Rahman M, et al. Vegetable farmers' behaviour and knowledge related to pesticide use and related health problems: A case study from Bangladesh [J]. Journal of Cleaner Production, 2018, 200 (1): 122 – 133.

[215] Ali A, Sharif M. Impact of farmer field schools on adoption of integrated pest management practices among cotton farmers in Pakistan [J]. Journal of the Asia Pacific Economy, 2012, 17 (3): 498 – 513.

[216] Bagheri A, Emami N, Damalas C, et al. Farmers' knowledge, attitudes, and perceptions of pesticide use in apple farms of northern Iran: Impact on safety behavior [J]. Environmental Science and Pollution Research, 2019, 26: 9343 – 9351.

[217] Bagheri A, Emami N, Damalas C. Farmers' behavior in reading and using risk information displayed on pesticide labels: A test with the theory of planned behavior [J]. Pest Management Science, 2021 (2): 12 – 21.

[218] Benoît C, Maia D, Vincent M. Understanding farmers' reluctance to reduce pesticide use: A choice experiment [J]. Ecological Economics, 2020, 167: 106349.

[219] Charles A, Alice W, Jimmy O, et al. Managing storage pests of maize: Farmers' knowledge, perceptions and practices in western Kenya [J]. Crop Protection, 2016, 90: 142 – 149.

[220] Chatzimichael K, Genius M, Tzouvelekas V. Informational cascades and technology adoption: Evidence from Greek and German organic growers [J]. Food Policy, 2014, 49: 186 – 195.

[221] Chen C. CiteSpace II: Detecting and visualizing emerging trends and transient patterns in scientific literature [J]. Journal of the American Society for Information Science and Technology, 2006, 57 (3): 359 – 377.

[222] Chen R, Huang J, Qiao F. Farmers' knowledge on pest management and pesticide use in Bt cotton production in China [J]. China Economic Review, 2013, 27: 15 – 24.

[223] Cliff Z, Emma A, Hanna – Andrea R, et al. Climate variability, perceptions and political ecology: Factors influencing changes in pesticide use over 30 years by Zimbabwean smallholder cotton producers [J]. Plos One, 2018, 13 (5): 1 – 19.

[224] Constantine K, Kansiime M, Mugambi I, et al. Why don't smallholder farmers

in Kenya use more biopesticides? [J]. Pest Management Science, 2020, 76 (11): 3615 – 3625.

[225] Dasgupta S, Meisner C, Huq M. A pinch or a pint? Evidence of pesticide overuse in Bangladesh [J]. Journal of Agricultural Economics, 2010, 58 (1): 91 – 114.

[226] Davis K. Impact of farmer field schools on agricultural productivity and poverty in east Africa [J]. World Development, 2011, 40 (2): 125 – 131.

[227] Friedman D. Evolutionary game in economics [J]. Econometrica, 1991, 59 (3): 637 – 666.

[228] Gao Y, Dong J, Zhang X, et al. Enabling for-profit pest control firms to meet farmers' preferences for cleaner production: Evidence from grain family farms in the Huang-huai-hai plain, China [J]. Journal of Cleaner Production, 2019, 227 (4): 141 – 148.

[229] Gao Y, Zhao D, Yu L, et al. Influence of a new agricultural technology extension mode on farmers' technology adoption behavior in China [J]. Journal of Rural Studies, 2020, 76: 173 – 183.

[230] Ghimire N, Woodward R. Under-and over-use of pesticides: An international analysis [J]. Ecological Economics, 2013, 89 (5): 73 – 81.

[231] Glazer B G, Strauss A. The discovery of grounded theory: Strategies for qualitative research [M]. Chicago: Aldine Publishing Company, 1967: 10 – 30.

[232] Gulati R, Sytch M. Dependence asymmetry and joint dependence in interorganizational relationships: Effects of embeddedness on a manufacturer's performance in procurement relationships [J]. Administrative Science Quarterly, 2007, 52 (1): 32 – 69.

[233] Hu R, Cai Y, Chen K Z, et al. Effects of inclusive public agricultural extension service: Results from a policy reform experiment in western China [J]. China Economic Review, 2012, 23 (4): 962 – 974.

[234] Huang Y, Luo X, Liu D, et al. Pest control ability, technical guidance and pesticide overuse: evidence from rice farmers in rural China [J]. Environmental Science and Pollution Research, 2021, 28: 39587 – 39597.

[235] Huang Y, Luo X, Tang L, et al. The power of habit: Does production experience lead to pesticide overuse? [J]. Environmental Science and Pollution Research, 2020, 27: 25287 – 25296.

[236] Islam M, Ferdousy S, Afrin S, et al. How does farmers' field schooling impact eco-efficiency? Empirical evidence from paddy farmers in Bangladesh [J]. China

Agricultural Economic Review, 2020, 12 (3): 527 – 552.

[237] Jallow M, Awadh D, Albaho M, et al. Pesticide risk behaviors and factors influencing pesticide use among farmers in Kuwait [J]. Science of the Total Environment, 2017, 574: 490 – 498.

[238] Karlson K, Breen H. Comparing regression coefficients between same-sample nested models using logit and probit: A new method [J]. Sociological Methodology, 2012, 42: 286 – 313.

[239] Khan M, Damalas C. Farmers' knowledge about common pests and pesticide safety in conventional cotton production in Pakistan [J]. Crop Protection, 2015, 77: 45 – 51.

[240] Liu E, Huang J. Risk preferences and pesticide use by cotton farmers in China [J]. Journal of Development Economics, 2013, 103: 202 – 215.

[241] Lokshin M, Sajaia Z. Impact of interventions on discrete outcomes: Maximum likelihood estimation of the binary choice models with binary endogenous regressors [J]. Stata Journal, 2011, 11 (3): 368 – 385.

[242] Ma W, Abdulai A. IPM adoption, cooperative membership and farm economic performance [J]. China agricultural economic review, 2019, 11 (2): 218 – 236.

[243] Ma W, Renwick A, Nie P, et al. Off-farm work, smartphone use and household income: Evidence from rural China [J]. China Economic Review, 2018, 52: 80 – 94.

[244] Ma W, Renwick A, Yuan P, et al. Agricultural cooperative membership and technical efficiency of apple farmers in China: An analysis accounting for selectivity bias [J]. Food Policy, 2018, 81 (12): 122 – 132.

[245] Mekonnen Y. Plasma cholinesterase level of Ethiopian farm workers exposed to chemical pesticide [J]. Occupational Medicine, 2005, 55 (6): 504 – 505.

[246] Okello J, Swinton S. From circle of poison to circle of virtue: Pesticides, export standards and Kenya's green bean farmers [J]. Journal of Agricultural Economics, 2010, 61 (2): 209 – 224.

[247] Osteen C, Kuchler F. Pesticide regulatory decisions: Production efficiency, equity, and interdependence [J]. Agribusiness, 2010, 3 (3): 307 – 322.

[248] Palis F G, Joy F R, Hilary W, et al. Our farmers at risk: Behaviour and belief system in pesticide safety [J]. Journal of Public Health, 2006 (1): 43 – 48.

[249] Pan Y, Ren Y, Luning P. Factors influencing Chinese farmers' proper pesticide

application in agricultural products: A review [J]. Food Control, 2021, 122: 107788.

[250] Paul N, Beatrice M, Gracious D, et al. Farmers' knowledge and management practices of cereal, legume and vegetable insect pests, and willingness to pay for biopesticides [J]. International Journal of Pest Management, 2020 (9): 1817621.

[251] Petrescu – Mag R, Banatean – Dunea I, Vesa S, et al. What do Romanian farmers think about the effects of pesticides? Perceptions and willingness to pay for biopesticides [J]. Sustainability, 2019 (11): 3628.

[252] Rahaman M, Islam K, Jahan M. Rice farmers' knowledge of the risks of pesticide use in Bangladesh [J]. Journal of Health and Pollution, 2018, 20 (8): 181203.

[253] Schreinemachers P, Tipraqsa P. Agricultural pesticides and land use intensificationin high, middle and low income countries [J]. Food Policy, 2012, 37 (6): 616 – 626.

[254] Selten R. A note on evolutionarily stable strategies in asymmetric animal conflicts [J]. Journal of Theoretical Biology, 1980, 84 (1) : 93 – 101.

[255] Skevas T, Lansink A. Reducing pesticide use and pesticide impact by productivity growth: The case of Dutch Arable farming [J]. Journal of Agricultural Economics, 2014, 65 (1): 191 – 211.

[256] Wang J, Tao J, Yang C, et al. A general framework incorporating knowledge, risk perception and practices to eliminate pesticide residues in food: A structural equation modelling analysis based on survey data of 986 Chinese farmers [J]. Food Control, 2017, 80: 143 – 150.

[257] Wang J, Deng Y, Diao H. Market returns, external pressure, and safe pesticide practice: Moderation role of information acquisition [J]. International Journal of Environmental Research and Public Health, 2018, 15 (9): 1829 – 1845.

[258] Wang W, Jin J, He R, et al. Farmers' willingness to pay for health risk reductions of pesticide use in China: A contingent valuation study [J]. International Journal of Environmental Research and Public Health, 2018, 15 (4): 625 – 635.

[259] Williamson S, Ball A, Pretty J. Trends in pesticide use and drivers for safer pest management in four African countries [J]. Crop Protection, 2008, 27 (10): 1327 – 1334.

[260] Wouterse F, Badiane O. The role of health, experience, and educational attainment in agricultural production: Evidence from smallholders in Burkina Faso [J].

Agricultural Economics, 2019, 50 (4): 421 – 434.

[261] Wu L, Bo H. China's farmer perception of pesticide residues and the impact factors [J]. China Agricultural Economic Review, 2012, 4 (1): 84 – 104.

[262] Wuepper D, Roleff N, Finger R. Does it matter who advises farmers? Pest management choices with public and private extension [J]. Food Policy, 2021, 99 (2): 101995.

[263] Yang M, Zhao X, Meng T, et al. What are the driving factors of pesticide overuse in vegetable production? Evidence from Chinese farmers [J]. China Agricultural Economic Review, 2019, 11 (4): 672 – 687.

[264] Zanardi O, Ribeiro L, Ansante T. Bioactivity of a matrine-based biopesticide against four pest species of agricultural importance [J]. Crop Protection, 2015, 67: 160 – 167.

[265] Zhang C, Hu R, Shi G, et al. Overuse or underuse? An observation of pesticide use in China [J]. Science of The Total Environment, 2015, 538: 1 – 6.

[266] Zhao L, Wang C, Gu H, et al. Market incentive, government regulation and the behavior of pesticide application of vegetable farmers in China [J]. Food Control, 2017, 85 (9): 308 – 317.